緑の革命とその暴力

ヴァンダナ・シヴァ 著　浜谷喜美子 訳

日本経済評論社

The Violence of the Green Revolution

by Vandana Shiva

2nd Impression, 1993
Japanese translation published by arrangement
with Zed Books Ltd.
through The English Agency (Japan) Ltd.

民衆の農業知識を残すことに生涯を捧げたリチャリア博士に

日本版への序文

『緑の革命とその暴力』（*The Violence of the Green Revolution*）を最初に書き始めてから、一〇年以上の年月が経った。

緑の革命はバイオ革命に変わった。緑の革命の前提条件である農業の中央集権的な国家管理は、貿易の自由化と農業のグローバリゼーションに変わった。しかしながら、状況は変わっても、本書で指摘された問題は今日の情勢になおいっそうのこと当てはまる。

第一に、新たなグローバリゼーション政策が取り組もうとしている持続不可能な農業の弊害は、たとえば農業生産の補助金や政府管理など、その多くが緑の革命が残した遺産である。事実、これまで農業に補助金を出してきた世界銀行のような機関自体が今では、乏しい公的資源のムダ使いであるという理由で、補助金の廃止を主張している。したがって、今日貿易の自由化という名前で補助金の廃止を要求している同じ機関がいかに緑の革命を推進したかを思い起こすことは有益であろう。チェコの作家であるミラン・クンデラが述べているように、「権力に対する人民の闘いは、忘却に対して記憶をよび覚ます闘いなのである」。

バイオ革命時代に入っても『緑の革命とその暴力』が今なお問題となるのはそれよりももっと重要な第二の理由がある。

緑の革命は収量の生産性を高め、緑の革命なしには飢えは不可避であるという間違った考えをつくりだした。その一方で、生産性と持続可能性を切り離し、飢えている数百万人の人々に十分な食糧を生産するには、持続可能性を犠牲にするのもやむを得ないのだと主張した。

それとまったく同じ手法と同じ論理で、今日では、遺伝子工学なしには人類はみな飢えるのであるから、飢えを回避するためには遺伝子工学のリスクを我慢しなければならないと論じられている。

緑の革命がなければ、飢えに見舞われるということは一九六〇年代において真実ではなかったが、一九九〇年代においても、バイオテクノロジーと遺伝子工学がなければ、世界が飢えるというのは真実ではない。

本書で詳しく述べているように、支配的な生産性の計算方法は、さまざまな農業慣習が環境に与える利益とコストを考慮していないし、さまざまな農業システムが経済に与える利益とコストを十分に計算していない。計算しているのは、支配的な利害関係者にとって商業価値がある生産物の一部分だけであり、そこから引きだす金銭的な収入のみである。この計算方法は、農業が内部インプットから外部インプットに依存する農業に移行し、多様性にもとづくシステムから単一栽培にシフトした場合の追加的な金銭コストを十分に反映していない。

栽培システムは、土壌、水、家畜、植物の共生的な関係を内包する。伝統的な農業は持続可能な方法でそれらを結びつけていたので、それぞれが依存しあい、その相互関係は強化されていた。緑の革命の農業は、こうした農場レベルでの調和のかわりに種子と農薬のようなインプットを結びつけた。種子と農薬のセットは伝統的な農業の相互的なからみ合いを壊しただけでなく、独自の土壌や水系との相互作用をつくりだした。しかし、この新たな相互作用は収量の評価で考慮されることがない。

HYV（高収量品種）のような現代の作物育種の概念は、農業システムを個々の作物や作物の一部に還元する。それから、ひとつのシステムの構成要素である作物を、他のシステムの構成要素である作物と比較する。緑の革命の戦略はひとつの構成要素である作物の生産高を高めることであり、そのためには農場の他の構成要素である作物の生産高を減らし、外部インプットを高めるので、こうした部分的な比較では当然ながら、システム全体から見ればそうでない場合でも、新しい品種が「高収量」となるような偏りがある。

伝統的な農法は、穀類、マメ類、油脂作物などの混作や輪作をベースにしており、各作物についても多種多様な品種を使うが、緑の革命の一括計画は、遺伝子工学的に均一にした単一栽培を基にしている。混作や輪作で多様な作物を生産した場合の収量については、これまで実際に評価されたことがない。たいていは、小麦やトウモロコシなどのような一つの作物の収量のみを取り出して、新しい品種の収量と比較している。

それによって食糧在庫が全体的に増加するわけではなく、家庭やコミュニティのために食糧の安全を確保してきたキビ、マメ類、油脂作物などの他の数百種の作物の生産を低下させるという犠牲を払って、小麦やトウモロコシの生産を増やすということを意味しているにすぎない。

さらに、個々の作物を改良する場合においても、作物のなかの望ましくない部分を切り捨てて、望ましい生産物の収量だけを高めることを基本にしてきた。しかし「望ましい」生産物というのはアグリビジネスと第三世界の農民とでは異なる。農業システムのどの部分を「望ましくない」ものとして扱うかは、どの階級にあるいはどのジェンダーに属しているかによって見方が異なる。アグリビジネスにとって望ましくないものでも貧しい人々にとって望ましいものがあり、農業の「開発」は生物の多様性を狭めてゆくことによって貧困と生態的な破壊を強める。「矮性」品種は土着の品種を改良してワラとなる部分を少なくしたが、ワラは帽子を編んだり、家畜のエサにするのに必要な資源である。事実、国際半乾燥熱帯作物研究所が最近、役畜の飼育を調べたところでは、すきを引っ張る雄牛が土壌に有機物を戻していないことがわかった。

緑の革命のパラダイムでは収量や生産性を測定することと、生産増加のプロセスが農業の生産条件を維持するプロセスにどう影響しているかの評価が切り離されている。こうした還元主義的な収量と生産性のカテゴリーを使うと高い収量の測定値が出るが、その測定値には、将来の収量に影響を及ぼす生態的な破壊の測定値が含まれていない。

したがって、生産性評価のシステムは、農業システムのすべてのコストとすべての利益を反映し、たんに支配的な商業利益の観点から市場経済の成長だけをみるのでなく、自然、人間、市場の三つの経済の維持、成長、破壊を測ることが必要である。システムレベルにおけるあらゆる商品とサービスの生産を反映させるには、「生産性」と「収量」を、農業システムの一部の還元主義的なカテゴリーではなく、多様性にもとづく計算方法で測ることが必要である。

『サイエンティフィック・アメリカン』に最近掲載された論文は、このアプローチをさらに発展させ、支配的なパラダイムでの農業の生産性の経済的な計算法が、いかに現実の生産性の測定を歪め、生物多様性から引きだした内部インプットの利益を除外し、単一栽培システムで、内部インプットのかわりに外部インプットを購入することによってもたらされる追加的な金銭的および環境コストを除外しているかを指摘している。

複数作物の栽培システムでは、五単位のインプットを利用すれば、一〇〇単位の食物を生産することができるので、生産性は二〇である。工業的な単一栽培では、三〇〇単位のインプットを使って、一〇〇単位の食物を生産するので、生産性は〇・三三である。

緑の革命から得た持続可能性についての教訓が今ほど必要な時はない。自然の持続可能性は、自然のプロセスを再生し、自然の返報の法則を遵守することにある。農業共同社会の持続可能性は、農業生産の文化と地方経済を再生し、活性化することにある。市場における持続可能性は、原料の供給、商品の流れ、資本の蓄積、投資に対する利益を確保することにある。生命を維持している自然の能力を損なうことによって失った持続力は、市場によって与えることはできない。世界的市場の成長は、国内生産と消費の国内経済の破壊を覆い隠す。

持続可能な農業への移行には、自然と人間の二つの軽視された経済を、農業の生産性とコスト利益分析の評価のなかで、目に見える形で表さなければならない。

環境と社会の両方の持続可能性が損なわれてきたのは、経済発展の支配的パラダイムにおいて、「自然の経済」と「人間の経済」が軽視され、崩壊しているからである。このパラダイムにおいては、市場の成長がたいていは自然の経済や人間の経済の破壊と縮小をともなっているにもかかわらず、市場経済しか認めず、市場経済の成長しか測定しない。農業の生態的な基盤が破壊され、大勢の農民が立ち退きをせまられ、根なし草となっている。

持続可能な農業に移行するには、軽視されている自然の経済と人間の経済の二つを、農業の生産性評価とコスト利益の分析に目に見える形で表さなければならない。持続可能性の基準を農業に内部化できるのは、自然の経済が健全な自然生態的プロセスを表し、人間の経済が現実に健全な社会経済状態および栄養状態を表している場合のみである。

開発と経済成長は、もっぱら資本蓄積のプロセスという条件でのみ認識されている。しかし、市場経済レベルでの金銭的資源の増加はたいていは、人間の生存のための経済や自然の経済から、自然資源を取り上げることによって行なわれている。一方、経済成長は、自然資源をめぐる争いを引き起こし、他方では自然、人間、資本の経済的に不安定な関係をつくりだしている。

本書『緑の革命とその暴力』は、緑の革命の先頭に立ってきたインドのひとつの地域におけるこうした不安定要因を分析しようとした。我々はパンジャブから教訓を学ぶ必要がある。なぜならバイオテクノロジーと農業のグローバリゼーションによって、新たな「奇跡」が提唱されているからである。ミラン・クンデラが述べたように、「権力に対する人民の闘いは、忘却に対して記憶をよび覚ます闘いなのである」。

ヴァンダナ・シヴァ

一九九七年三月

謝辞

緑の革命の生態的および社会的コストと、パンジャブの生態的および民族的な危機とのつながりを調べた本研究は、国連大学の平和および地球的変化プログラムのなかの主要プロジェクト「天然資源をめぐる紛争」の一環として一九八六年に始められた。

第三世界ネットワークの支援のおかげで、一九八七年から八九年まで本研究を続けることができた。ルディアーナのパンジャブ農業大学のウッパル教授、シドフ教授、多くの科学者に感謝したい。彼らの貢献と協力なしには本研究は不可能であった。

アンジャリ・カルグトカルは地図やイラストの作成を手伝ってくれた。第三世界ネットワークの事務局、なかでもチー・ヨーク・ヘオング、クリスチャン・リム、リム・ジー・ユアンは最終的な編集や製本にまつわる細々とした仕事のすべてを引き受けてくれた。彼らの協力に感謝したい。

目次

インド全図

アフガニスタン
ジャム・カシミール州
ヒマーチャル・プラデシュ州
パンジャブ州
シッキム州
アッサム州
中国
メーガラヤ州
ナーガランド州
ハリヤナ州
ブータン
パキスタン
デリー
ネパール
アーグラ
ビルマ
ラジャスタン州
ウッタル・プラデシュ州
ビハール州
グジャラート州
マッディヤ・プラデシュ州
マニーブル州
オリッサ州
マハーラーシュトラ州
カルカッタ
ボンベイ
トリプラ州
アラビア海
アーンドラ・プラデシュ州
カルナータカ州
バングラデシュ
西ベンガル州
マドラス
ベンガル湾
タミール・ナードゥ州
ケーララ州
スリランカ

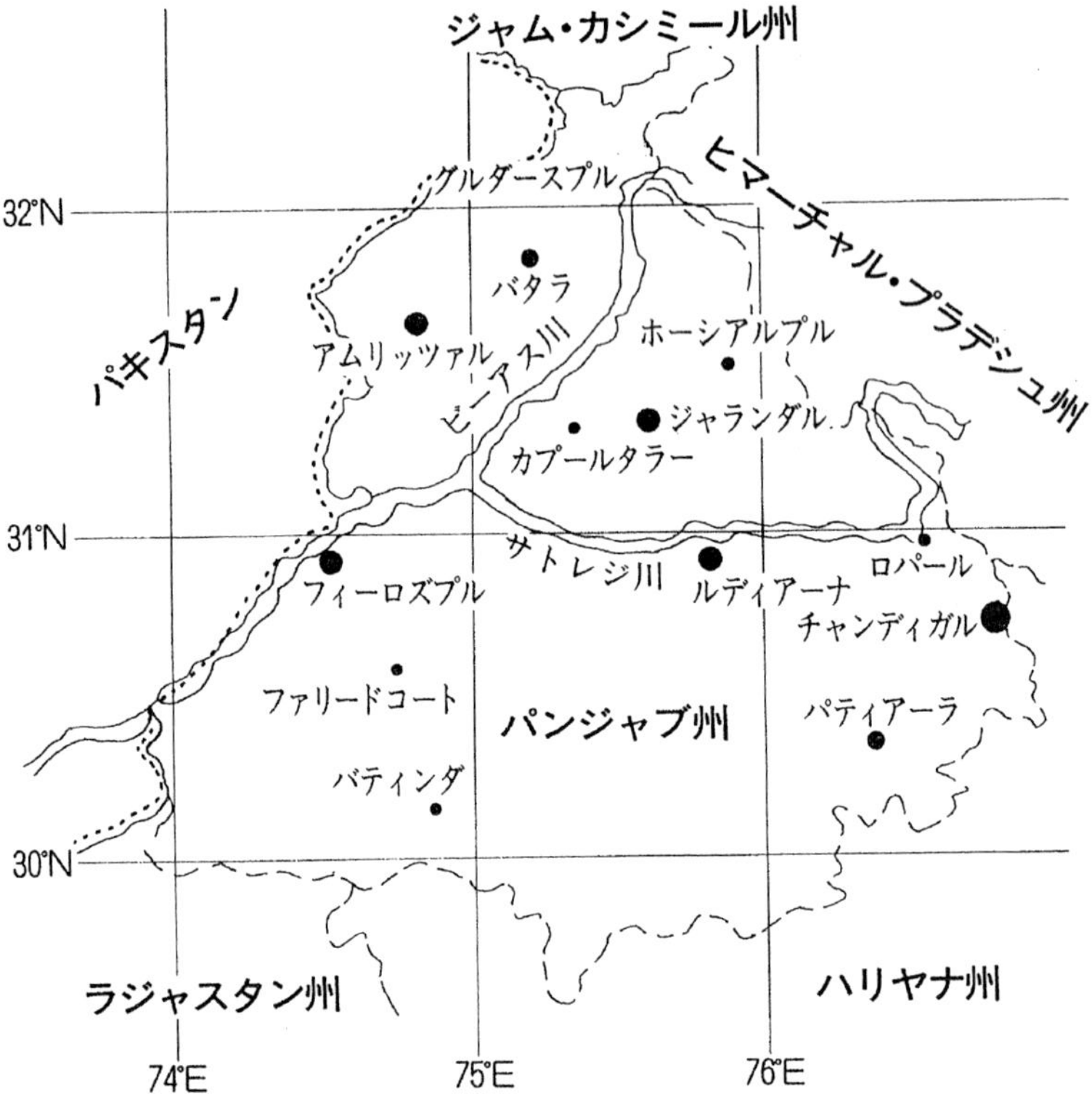
ジャム・カシミール州
グルダースプル
ヒマーチャル・プラデシュ州
32°N
バタラ
パキスタン
アムリッツァル
ビーアス川
ホーシアルプル
ジャランダル
カプールタラー
31°N
サトレジ川
フィーローズプル
ルディアーナ
ロパール
チャンディガル
ファリードコート
パンジャブ州
パティアーラ
バティンダ
30°N
ラジャスタン州
ハリヤナ州
74°E
75°E
76°E

パンジャブ州周辺図

序　文

二つの大きな危機が一九八〇年代のアジア諸国に未曾有の規模で起こった。ひとつは生態的な危機であり、森林、土地、水、遺伝資源のような天然資源が破壊されることによって生命維持システムに及んだ脅威である。第二の危機は文化的および民族的危機であり、文化的な多様性と多元性を分散的な枠組みで民主的に具体化することができるような社会的構造が破壊されていることである。二つの危機はふつう、分析的な観点からも、また政治活動のレベルにおいても、別個のものとして考えられている。

パンジャブの悲劇（数年にわたって暴力の犠牲となった多くの罪なき人々の悲劇）はたいてい、二つの宗教団体の民族や共同体間の争いが原因であると説明されてきた。本研究はパンジャブの悲劇を別な観点から解釈するものである。本研究は、紛争を生んだ原因を理解するのに、これまで無視されたか、見過ごされてきた側面を取り入れている。現代のパンジャブの紛争と暴力の源をたどると、開発と農業改革の実験である緑の革命の生態的および政治的要求にゆきつく。緑の革命は、人類史上でも前例のないような政治的および技術的偉業という前触れで登場した。緑の革命は平和のための技術的・政治的戦略として計画されたが、自然の限界と可変性を打破することによって豊かさを創ろうとする計画であった。逆説的であるが、二〇年間に及ぶ緑の革命は、パンジャブを暴力と生態的な破壊による欠乏によって荒廃させた。豊かさどころか、パンジャブには疲弊した土壌、病虫害に蝕まれた作物、湛水した砂漠、借金を背負い絶望した農民が残された。平和どころか、パンジャブは紛争と暴力を受け継いだ。一九八六年にパンジャブでは五九八人が殺された。一九八七年には、その数は一五四四人となった。一九八八年には三〇〇〇人が殺された。

パンジャブ危機のほとんどは、資源集約的で、政治的にも経済的にも集権的に食糧生産の実験を行なった悲劇的な結末である。この実験は失敗した。それにもかかわらず、ロックフェラー財団、フォード財団、世界銀行、種子や農薬の多国籍企業、インド政府や各種行政機関など、それによって利益を受けるすべての機関があらゆる政策方針でいまだに緑の革命の奇跡の宣伝を続けている。

共同体間の争いの根を宗教に還元するということを、ほとんどの学者や評論家がやってきたが、紛争は経済的であり政治的なものでもあるから、そうすることは誤っている。その争いはたんなる二つの宗教的共同体の衝突ではなくて、文化的および社会的な分裂を反映しており、幻滅した農業共同体と、農業政策、金融、信用、投入物、農産物の価格を支配している中央集権的な国家との緊張関係を表している。こうした紛争と幻滅の中心に緑の革命がある。本論は緑の革命物語のもう一つの側面、すなわち、隠れて見えにくい社会的・生態的なコストを報告する。そうすることによって、民族的および政治的暴力の複数のルーツについて別の様相が見える。そして、生態的で民族的な分断と分裂が密接にからみあっており、それらが、自然と文化の多様性を計画的に破壊して、中央集権化された管理システムに必要な均一性をつくりだすための政策の本質をなしていることがわかる。

本書は今日のパンジャブのパラドックスを理解するための試みである。統計によれば、パンジャブはインドでもっとも富裕な州であり、他の地域や地方があこがれる模範である。パンジャブの一人当たりの国内総生産（GDP）は二五二八ルピーであった。インドの一人当たり平均のGDPは一三三四ルピーであった。パンジャブの平均所得は「平均的なインド人」の所得よりも六五％も多かった。

一九八一年の国勢調査によると、パンジャブ人口は一六七〇万人で、インド人口の二・五％弱である。しかし、パンジャブはインドの穀物の七％を生産しており、インドのテレビ台数の一〇％、インドのトラクターの一七％を所有している。一平方キロ当たりの道路面積は三倍である。平均的なパンジャブ住民は平均的なインド人にくらべて一時間当たりのエネルギー使用量は二倍で、一ヘクタール当たりの肥料の使用量は三倍である。灌漑地は全国平均が二八％であるのに対して、パンジャブの五万四〇〇平方キロの農地の八〇％が灌漑地である。平均的なパンジャブ住民は、平均的なインド人よりも二倍の銀行預金をもっている。進歩と開発を示す在来の指標すべてにおいて、パンジャブはインドのどこよりも上回っていた。(1)

しかし、パンジャブは不満や、搾取され、差別的に扱われているという気持ちがもっとも煮えたぎっている地域である。不平不満の感情が極度に高まっているので、パンジャブではインド独立後の平時における殺人がもっとも多い。少なくとも一万五〇〇〇人がこの六年間にパンジャブで暴力によって命を失った。

現代のパンジャブの暴力は従来のあらゆる知識を裏切るものである。社会的な暴力について一般に受け入れられている見解によれば、人間に対する人間の残酷行為を基本的に決定するものは「物質的欠乏」である。新石器時代の前から、社会集団はつねに物質的ニーズを満足することができないほど貧しい環境で暮らしてきたと言われている。(2) したがって、自然は経済的欠乏の根源と見なされており、欠乏こそ不十分な資源をめぐる争いのもとであり、そして争いこそ暴力の根源であると見られてきた。

そこで「開発」は物質的豊かさをつくりだすために、「欠乏を克服し、自然を征服する」戦略となる。このような欠乏と暴力の考え方は、左翼も右翼もともに抱いている。自然を利用することによる資本の蓄積は、伝統的な政治的スペクトラムの両翼によって、物質的な豊かさを生みだす源として見なされ、したがって平和の条件であると見なされた。このオーソドックスな見解は、「高度な技術が促した環境の未曾有の管理、すなわち苦労と貧困を排除する可能性が、人間同士の争いを克服するのに必要な前提条件である」と主張する。(3) 緑の革命はこのオーソドックスな欠乏と暴力観のなかで考えだされた。緑の革命は農業社会を豊かにして、共産主義者の反乱と農民紛争の脅威を少なくするような技術的・政治的戦略として規定された。一九五二年にイギリスとアメリカが後援したコロンボ計画は、アジアの小農民を萌芽状態の革命家と見なし、あまりにも過酷に搾取したなら、政治的および経済的な権力集団に反対して結集するだろうとみる開発哲学を明確に表すものであった。一般的には農村の開発、とりわけ緑の革命は、外国資本の援助を受け、外国の専門家が計画したものであり、農村地域を政治的に安定化するための手段として計画されており、「農村地区における重大な要素である一触即発的な不満を取り除くことを含む」ものであった。[4] この戦略は科学的および技術的革新によって進められた農業革命の構想にもとづいている。なぜならそのアプローチは、政治的に厄介であった農業関係を変えるという展望をもっていたからであった。科学と政治はインド農村に平和と繁栄をつくりだす戦略として、緑の革命のそもそもの発端から密接にからんでいた。

しかしながら、二〇年たち、緑の革命の隠れていた生態的、政治的、文化的コストが見えてくるようになった。政治レベルでは、緑の革命は紛争を少なくするよりも、紛争を起こしていることがわかってきた。物質レベルでは、商業穀物の高収量の生産は、生態系レベルで新たな欠乏をまねき、それが新たな紛争の原因となった。このような多数の要素がまじった生態的および文化的破壊の状況のなかで、パンジャブにおける暴力の性質を、暗黙および公然たる暴力のレベルで、現実および仮想の紛争のレベルで、生態学的および政治的脆弱性と不安定さのレベルにおいて、理解しようと試みる。

パンジャブの生態的および民族的な危機は、多様性、分権化、民主主義の要求と、均一性、中央集権化、軍事化の要求との未解決の基本的対立から発生していると見ることができる。自然に対する支配と人間に対する支配は、緑の革命の中央集権化された戦略、また中央集権化しようとする戦略の基本要素であった。自然の生態的な破壊と社会の政治的な破壊は、自然と社会をともに引き裂くことを土台とする政策がもたらす必然的な結果であった。緑の革命は、技術が自然にかわる優れた代用物であり、したがって、自然の制約を受けることなく成長をもたらす手段であるという仮定にもとづいている。概念的にも経験的にも言えることは、自然が欠乏の源であり、技術が豊かさの源であると仮定すれば、生態的な破壊によって自然に新たな欠乏をもたらすような技術がつくられるということである。肥沃な土地と作物の遺伝的な多様性が、緑の革命を実践した結果、少なくなっているということは、生態的なレベルで、緑の革命が豊かさではなくて欠乏をもたらしていることを示している。

さらに、緑の革命によって社会的および政治的不安定がもたらされた多くの側面を見極め、緑の革命が農村地帯を安定させ、平穏にするどころか、いかにして新たな形態の衝突と暴力に火をつけたかということを確かめようと試みる。それには、緑の革命にともなう政治的変革過程が原因で発生したパンジャブの紛争が、共同体間の紛争に転化してゆく分析も含まれる。生態的、社会的、経済的な脆弱性の新たな段階を予想することも試みる。この脆弱性はパンジャブの第二の技術的解決策から発生するものであり、インドの開発計画の新時代を告げるペプシコ・プロジェクトの形態をとっている。

最後に、農業の中央集権化と支配が深化するという状況において可能な生存の代替案を最終章で考察する。ガンジーが第一次産業革命と結びついた植民地化に糸車で挑戦したように、小農民と第三世界のグループはバイオ革命に付随する再植民地化に土着の種子で挑戦している。

緑の革命に組み込まれた社会的および政治的な計画は、種子のみならず、社会関係をも操作することをめざしていた。パンジャブは、この操作が物質レベルにとどまらず、政治レベルにおいても制御不能になってしまった例である。この分析は、緑の革命が解き放った複雑で予期せぬ要因を理解することをめざしているので、決定論的で単線的な因果関係にもとづいた説明は避けている。複雑な社会・経済的な現象でも、当初は単純に、単一の原因が単一の結果をもたらすという技術的な決定のパラダイムで考えだされている。もっとも良いのは文脈的な因果関係を求めることであり、いかにしてある状況の発生がある過程の引き金となる圧倒的な条件をつくりだすのかという指標や手掛かりを引きだすことである。目に見えず、予見できない連鎖という大きな枠組みのなかでのみ、パンジャブの暴力の根源を緑の革命の生態的および政治的状況にまでたどることができる。

第一章　緑の革命の科学と政治

一九七〇年に、ノーマン・ボーローグは「栄養に関して新たな世界状況」をもたらしたということで、ノーベル平和賞を与えられた。ノーベル平和賞選考委員会によれば、「ボーローグの研究成果である穀物種は、発展途上国の経済成長のスピードを全般的に速める」ということである。[1]ボーローグがつくりだした「奇跡の種子」は、豊かさと平和の新たな源泉として見なされた。科学は、物質的欠乏と暴力の問題を解決する魔法の力をもつとして評価された。

「緑の革命」は第三世界の農業を科学にもとづいて変革することにつけられた名称であり、インドのパンジャブはもっとも有名な成功例であった。理屈に合わないが、緑の革命は二〇年を経過したが、パンジャブは繁栄の地でもなければ、平和の地でもない。ここは不満と暴力がはびこる地域である。豊かさのかわりに、パンジャブに残されたものは、疲弊した土壌、病虫害に蝕まれた作物、湛水した砂漠、借金を負い絶望した農民である。平和のかわりに、パンジャブは争いと暴力を引き継いだ。この六年間に少なくとも一万五〇〇〇人が命を失った。一九八六年には五九八名が暴力的衝突で殺された。一九八七年にはその数は一五四四名であった。一九八八年にはその数は三〇〇〇人にエスカレートした。一九八九年にいたってもパンジャブには平和の兆候は見えない。

パンジャブの（過去五年間にわたり暴力の犠牲となった多くの罪なき人々の）悲劇はたいてい、二つの宗教集団の民族間および共同体間の争いの結果として説明されてきた。本研究は、パンジャブの悲劇を別の側面から解釈するものである。争いの出現を理解するのに、これまで無視されたり、見過ごされてきた視点を持ち込む。現代のパンジャブの衝突と暴力の側面をたどってゆくと、開発と農業変革の科学的実験である緑の革命の生態的および政治的要求にゆきあたる。緑の革命は、人類史上における未曾有の政治的および技術的な偉業として発表された。自然の限界や可変性を打ち破ることによって豊かさをつくりだす平和戦略として計画された。その発端においては、緑の革命の科学は、平和と安定にもとづいた社会秩序をつくりあげるための政治的プロジェクトとして提起された。しかしながら、暴力が社会的操作によって発生した時、科学の領域は人為的に政治と社会過程の領域から切り離された。緑の革命の科学は、繁栄のための「奇跡」の処方箋として与えられた。しかし、不満と新たな欠乏が現れた時に、科学は経済プロセスと切り離された。

一方では、現代社会は科学を基盤とする文明であると自認しており、科学は社会変革の理論であると同時に推進力となっている。この側面においては、科学は意識的に社会に組み込まれている。その一方で、他のすべての社会組織や社会的生産の形態とは違って、科学は社会の上に置かれている。科学は善し悪しを判断したり、疑問をはさんだり、公の場で評価することができない。ハーディングが次のように言っている。

「神も伝統も、現代文化における科学の合理性に与えられているほどの信頼性を与えられていない……。科学を神聖視するあまり、科学そのものを調査するプロジェクトはタブーとなっている。他のいかなる組織も社会慣行も調査することはできるのに、同じような方法で科学を調査することができない(2)」。

科学そのものは社会勢力の産物であり、科学的生産を動かすことのできる人々が決定する社会的アジェンダをもっているにもかかわらず、現代においては科学的な活動は、社会的および政治的に中立であるという特権的な認識論的な地位を与えられてきた。したがって、科学は二重の性格をもつ。科学は社会的および政治的な問題に技術的な解決策を与えるが、科学がつくりだした新しい社会的および政治的問題と科学は切り離される。特定の階級、ジェンダー、あるいは文化的利害者の優先順位や認識を反映させながら、科学思想は自然と社会秩序を組織し、変革する。しかし、自然も社会もともに、それ自身の組織をもっているので、新秩序を重ね合せることがかならずしも完璧かつ円滑に行なわれるわけではない。たいていは人間と自然から抵抗を受けるが、その抵抗は「予想外の副作用」として外部化される。科学は社会的評価を免れており、科学がもたらす影響からも科学は切り離されている。このようなアイデンティティの分裂によって、科学の「神聖さ」がつくりだされている。

現代科学の構造そのもののなかに、関連性の認識を阻む特徴がある。狭い専門分野と還元主義的なカテゴリーに細分化されているので、科学的知識は、関連する特性や関連する影響が盲点となる。科学的知識はそれ自身の状況を脱文脈化（decontextualise）しようとする傾向がある。この脱文脈化の過程を通じて、科学が自然や社会に及ぼすマイナスの破壊的影響は外部化され、見えなくなる。科学システムにおける物質的および政治的な根源から切り離されているので、新たな形態の欠乏と社会的衝突が、他の社会システム、たとえば宗教などと結びつけられる。

科学、技術、社会の伝統的なモデルは、暴力の根源を政治と倫理、科学と技術の応用にあるとしており、科学的知識そのものにあるとは見ない(3)。このモデルの土台となる価値と事実の二分法は、価値の世界と事実の世界を二つに分ける。この考え方によれば、暴力の根源は価値の世界にあり、科学的知識は事実の世界に存在する。

価値と事実の二分法は、現代の還元主義的な科学がつくりだしたものであり、特定の価値体系に対する認識的な対応であるけれども、価値観から独立していると断定する。世界を事実対価値に分けることによって、二種類の価値観を内包する事実のほんとうの差異を隠してしまう。近代の還元主義的な科学は、一般的に受け入れられている見解によれば、自然の特性や法則の発見として特徴づけられており、その発見は「科学的」手段によっており、その手段は「客観的」、「中立的」、「普遍的」であるという主張を生みだしている。還元主義的な科学は、現実をありのままに説明しており、価値観に偏っていないという考え方は、歴史的および哲学的な理由からますます否定されている。歴史的には、近代的な科学知識も含めてすべての知識は、複数の方法論を利用して構築されており、還元主義それ自体も科学的オプションのひとつにすぎない。

知識と権力のつながりは還元主義のシステムに固有のものである。なぜなら、概念的な枠組みとしての機械論的な秩序は、権力にもとづく価値観をともなうものであり、この価値観は商業的な資本主義のニーズと両立するものであったからである。このシステムは、知識を生みだして構成する仕組みや、知識を合法化する仕組み、そうした知識が自然と社会を変える仕組みによって、不平等と支配をつくりだしている。

パンジャブにおける緑の革命の経験は、現代の科学的事業が政治的および社会的にいかにしてつくられるものであるか、いかにしてそれらが社会的評価を免れ、阻んでいるかを示す実例である。成功すれば科学の手柄にするが、失敗の責任は負わないことを示す例である。パンジャブの悲劇の物語は、自然と社会を支配する現代科学の力を過信し、制御不能となった自然と社会的状況をつくりだしたことの責任感の欠如の物語である。緑の革命の科学的および技術的な包括計画から、緑の革命の影響を外部化したことが、パンジャブ危機を宗派間の争いに変えた大きな理由であった。

しかしながら、ほとんどの学者や評論家がしているように、パンジャブ危機の根源を宗教に還元することは誤りである。この紛争のルーツは緑の革命の生態的、経済的、政治的影響にあるからである。これらの衝突はたんに二つの宗教集団の衝突ではなく、失望し、不満をもった農業社会と、農業政策、金融、信用、投入物、農産物価格を支配している中央集権国家との緊張関係を反映している。こうした衝突と幻滅の中心に緑の革命が存在する。

本論は緑の革命の物語の別の側面、すなわち、隠されているので目につかない社会的および生態的コストをとりあげる。そうすることによって、民族的および政治的暴力の多くの根源について、別の角度からの視野を与える。生態的および民族的な分断と分裂は密接に関連しており、中央集権化された管理システムが要求する均一性をつくるために自然と文化の多様性を計画的に破壊する政策に固有のものである。パンジャブの経済的および民族的な危機は、多様性、分権性、民主主義の要求と、均一性、中央集権化、軍事化の要求との未解決の基本的な対立から発生していると見ることができる。自然に対する支配と人間に対する支配は、緑の革命の中央集権化され、また中央集権化をしようとする戦略の本質的な要素である。自然の生態的な破壊と社会の政治的な破壊は、自然と社会をともに切り裂く政策の結果であった。

緑の革命は、技術が自然にかわる優れた代用物であり、自然の制約を受けずに無限の成長をつくりだす手段であるという仮定にもとづいていた。しかし、自然は欠乏の源であり、技術は豊かさの源であると見なす仮定は、生態的な破壊によって自然に新たな欠乏をもたらすような技術をつくる結果となった。緑の革命のために肥沃な土地と作物の遺伝的な多様性が少なくなったことは、生態的なレベルで緑の革命が豊かさではなくて、欠乏をつくりだしたことを意味する。

緑の革命は生態的な不安定をまねいただけでなく、社会的および政治的な不安定もまねいた。農村地帯を安定させ、平穏にするどころか、緑の革命は新しい形態の争いと暴力に火をつけた。もともとは緑の革命にともなう政治的変化の過程から発生したパンジャブの紛争が宗派間の争いに転化したのは、科学や技術の領域から、技術変化の政治的影響を外部化したことが一因になっていた。同じような形態の外部化は、たとえばパンジャブにおいてはペプシコ・プロジェクトが例証しているように、「バイオ革命」の導入においても行なわれている。

緑の革命を進めた社会的および政治的計画は、種子だけではなく、社会関係をも操作することをめざした。パンジャブはこの操作が、物質レベルのみならず、政治レベルにおいても制御不能になってしまった実例である。

緑の革命と自然の征服

半世紀前に、現代の持続的農業の父であるアルフレッド・ハワード卿は、古典的な著作である『農業聖典』で次のように書いた。

「アジアの農業を見ていると、肝心な点ですぐに安定性を取り戻す小農民の耕作方式に出くわす。今日、インドや中国の小さな田畑で行なわれていることは、何世紀も前から行なわれてきたことである。東洋の農業慣習は最高の試験に合格しており、原始林、平原、大洋における営みと同じほど永久的である[4]」。

一八八九年にジョン・オーガスタス・ヴォルカー博士は、インドの農業に農薬を使用することを帝国政府に勧めるため、インド省担当大臣によってインドに派遣された。英国王立農業協会に提出したインドの農業改善に関する報告で、ヴォルカー博士は次のように述べた。

「私はインド農業が全体として原始的で遅れているという意見には反対で、多くの地域で、これ以上改善する余地はほとんどないか、まったくないと考える。農業が劣っているように見えるような地域でも、耕作方式が本来的にまずいというよりも、優良区にあるような農業施設を持っていないことによる場合がほとんどである……。あえていうならば、インド農業に現実的で有意義な提言をするよりも、英国農業の改善を提案することのほうがはるかに楽である。農業の通常の活動を見るなら、インドの農業ほど、ていねいに雑草が抜かれた農地、水を汲み上げる装置の工夫、土壌や地力についての知識や、種まきと刈り入れの時期についての正確な知識などが見受けられるところは他にない。これは最高レベルでなく、普通の状態なのである。輪作、混作、休耕についての深い知識も驚くばかりである。入念な耕作に勤勉、忍耐、肥沃な資源が結びつき、これ以上に完璧な農業の光景を少なくとも私はこれまで見たことがないことは確かである(5)」。

西欧の精鋭の学者がインド農業を「改善」するために派遣されたが、耕作の原則について改善すべき点を見つけることができなかった。その耕作の原則は、自然のプロセスと自然のパターンにしたがって維持し、栽培することを基本にしていたからである。インド農業の生産性が低い地区は、原始的な方法や劣った慣行によるものではなくて、生産性を高めるような資源の流れが阻害されたことによるものであった。植民地時代に持ち込まれた多くの要素のなかでも、土地の私的所有、森林の政府管理、換金作物の栽培拡大は、農業の生産性を維持するために必要な水と有機質肥料の投入を地元で欠乏させた。

今世紀の第二・四半期における第一次大戦から独立にいたるまで、インド農業は複雑な要因によって、すなわち世界的不景気による輸出の減少、不況、第二次世界大戦中の壊滅的な輸送マヒなどの要因によって後退した。農業の衰退に国家分裂の混乱が加わり、サトウキビやピーナツなどの商業用作物が拡大したことにより、食用穀物はやせた土地に押しやられて、エーカー当たりの収量が下がった。この時期の大変動のためにインドは深刻な食糧危機に襲われた。

戦争と国家分裂の時期に生じた食糧危機には二つの対応があった。ひとつは土着のもので、ひとつは外来のものである。土着の対応は、独立運動に根ざしていた。この対応は農業の生態的な基盤の強化とインドの小農民の自給をめざした。マハトマ・ガンジーが発行した新聞「ハリジャン」は、一九四二年から一九四六年まで禁止されていたが、一九四六年から一九四七年にかけて、ガンジーが書いた記事で埋め尽くされており、食糧不足にいかに政治的に対処すべきかを論じ、またミラ・ベーン、クマラッパ、ピャレラルは国内資源を使っていかに多くの食糧を栽培すべきかを説いた。一九四七年六月一〇日の祈禱集会で、ガンジーは食糧問題にふれてこう述べた。

「私たちが学ばなければならない最初の教訓は自助であり自立である。この教訓を吸収したならば、破滅的な外国依存と最終的な破産からただちに自らを解放することができる。これは傲慢さから言っているのではなくて、事実として言っているのである。わが国は食糧供給を外国援助に頼るほど小さな国ではない。わが国は亜大陸であり、四億に近い国民がいる。大河と多様性に富んだ農地をもち、尽きることのない牛という資源をもっている。私たちが必要とするほどの牛乳を得られないということは、完全に私たちの責任である。わが国の豊富な牛はいつでも私たちが必要とする牛乳を与える能力をもっている。この数世紀にわが国がなおざりにされるようなことがなかったなら、今日において十分に食糧を自給しただけでなく、外国にも食糧供給という有益な役割を果たしていただろう。先の戦争は不幸なことにほぼすべての世界を食糧不足に追い込んだ。インドもまた例外ではない(6)」。

農業危機が自然のプロセスの破壊と関連していることを認識し、インドの初代農務大臣のK・M・ムンシは、ボトムアップの分権的な参加型の方法論にもとづいて農業生産の生態的基盤を再建し、再生させる詳細な戦略を立てた。

一九五一年九月二七日の農務省主催のセミナーで、インド農業再生のプログラムが作成され、インドの土壌、作物、気候の多様性を考慮しなければならないことが認められた。「土地変革」とよばれるプログラムでは、ボトムアップで計画をたて、個々の村を、時には個人の田畑までを考慮することが必須であると考えられた。このセミナーで、ムンシは、農業振興担当者に次のように述べた。

「あなたが担当している村の生物循環を、水文循環と養分の両面で調査してほしい。その循環がどこで阻害されているかを知り、その回復に必要な対策を考えること。次の四つの観点から村の計画を作成せよ。①現在の条件、②水文循環を完全なものにするのに必要な措置、③養分の循環を完全なものにする措置と、その循環が回復した時の村の全体像、④自分自身と計画を信じること。生物循環の回復がインドの自由と幸福にとって必須であるばかりか、生存そのものにとっても必須であると信じる者にとっては、何事もあなどれないし、不可能なこともない」[7]。

自然の循環を修復し、自然のプロセスと提携することは、土着の農業政策の要であると考えられた。

しかしながら、インドの科学者と政策立案者がインド農業の再生のために自給自足をめざすエコロジカルな代替案を作成している間に、アメリカの財団や援助機関は農業開発の別のビジョンをつくりつつあった。このビジョンは自然との共働ではなくて、自然を征服することをベースにしていた。このビジョンは自然のプロセスを強化することではなくて、融資や化学肥料や殺虫剤のような金で買う投入物を増やすことをベースにしていた。自給でなくて依存をベースにしていた。多様性でなく均一性をベースにしていた。アメリカから顧問や専門家がやってきて、インドの農業研究や農業政策を土着のエコロジカルなモデルから、外来の多投入のモデルに移行させようとした。彼らが当然ながらエリート層にパートナーを求めたのは、新しい農業モデルはエリートの政治的優先順位や利害と合っていたからである。

インドにアメリカ型の農業モデルを移行することにかかわった国際機関は三グループあった。アメリカの民間財団、アメリカ政府、世界銀行である。フォード財団は一九五二年以来、指導と農業振興に関与してきた。ロックフェラー財団は一九五三年以来インドにおける農業調査システムの再編成にかかわった。一九〇五年に設立されたインド農業研究所は一九五八年に再編されて、ロックフェラー財団のフィールド部長のラルフ・カミングスが初代の所長となった。一九六〇年に彼の後任としてA・B・ジョシが引き継ぎ、一九六五年にM・S・スワミナタンが引き継いだ。インドの研究組織をアメリカの方針で再編成することのほかに、ロックフェラー財団はインド人をアメリカの研究所に招待する旅費を出した。一九五六年から一九七〇年の間に、九〇件の短期旅行補助金がインドの指導者に与えられ、アメリカの農業研究所や試験所を見学した。一一五名の訓練生が財団のもとで研究を完了した。さらに二〇〇〇名のインド人がアメリカ国際開発局（USAID）の資金を得て、アメリカを訪れて、一定期間の農業教育を受けた。ロックフェラー財団とフォード財団の事業は、世界銀行のような国際機関の後押しを受け、世界銀行は貧しい国に資本集約的な農業モデルを導入するために融資した。一九六〇年代の中頃には、インドは三七・五％もの平価切り下げを余儀なくされた。世界銀行やUSAIDは圧力をかけて、インドの肥料産業における外国投資の優遇条件を認めさせ、輸入自由化、国内規制の撤廃を促した。世界銀行は、こうした政策を実施するのに必要な外国為替に融資した。緑の革命の戦略における外国為替は、五カ年計画の期間（一九六六年から七一年まで）で一一一億四〇〇〇万ルピーと見積もられたが、この金額は当時の公式レートでおよそ二八億ドルであった。この金額は、その前の第三次計画の農業に割り当てられた総額（一九億一〇〇〇万ルピー）の六倍強であった。外国為替のほとんどは、化学集約的な戦略での新たな投入物である肥料、種子、殺虫剤に必要とされた。世界銀行とＵＳＡＩＤが介入して、フォード財団とロックフェラー財団が開発し、移転しようとしていた技術包括計画に金銭的な支援を与えた。

インド国内では、緑の革命の主たる支持者は一九六四年に農務大臣となったＣ・スーブラマニアムと、一九六五年にインド農業研究所の所長となったスワミナタンであり、スワミナタンはメキシコのロックフェラー農業計画に従事していたボーローグの教えを受けた。一九六三年にインド旅行から戻ってから、ボーローグはインドで実験するための準矮性種を四〇〇キロ送った。一九六四年に、フィリピンにある国際稲研究所（ＩＲＲＩ）から稲の種子が持ち込まれた（ＩＲＲＩはフォードとロックフェラー財団によって設立されたばかりであった）。同年、ラルフ・カミングスは、十分にテストが行なわれたので、この品種を大規模に放出してもよいと思った。カミングスは新農務大臣であるスーブラマニアムに近づき、緑の革命の種子を導入する手順を進めるために支援する意思があるかどうかを打診した。スーブラマニアムはカミングスの助言にしたがうことをすぐさま決意し、新種を使うための戦略を立て始めた。(8)

インドの他の人々はアメリカの農業戦略を採用することにそれほど乗り気ではなかった。計画委員会は、国際収支が深刻な危機にある時だけに、高収量品種（ＨＹＶ）に必要な肥料を輸入するための外国為替コストを心配していた。有力なエコノミストのＢ・Ｓ・ミンハスとＴ・Ｓ・スリニバスは経済的な理由でこの戦略に疑問をもった。州政府は、新しい種子を採用することによって農業研究における自主性が損なわれることを心配した。農学者は病気や小農民の立ち退きの危険があることを理由に新品種に反対した。スーブラマニアムを支持する唯一のグループは、この一〇年間にアメリカ式の農業の枠組みで教育を受けてきた若い農学者であった。

一九六六年に干ばつに見舞われて、インドの食糧生産が激減し、アメリカの食用穀物の供給量が未曾有の規模で増えた。このような食糧依存につけこんで、インドに新しい政策条件が押し付けられた。アメリカのリンドン・ジョンソン大統領は小麦を短期で供給した。ジョンソンは、緑の革命の包括計画がインド農務大臣のスーブラマニアムと米国農務長官のオービル・フリーマンの間で調印されるまでは、一カ月以上の食糧援助を事前に約束することを拒否した。(9)

インド首相のラール・バハドゥール・シャーストリーは一九六五年に、新種を土台とする新しい農業を早急に進めることに警告を発した。一九六六年に首相が急死したため、新しい戦略が導入しやすくなった。計画委員会はインドのあらゆる大規模投資を承認することになっているが、この委員会はネックと見なされて、委員会を通さずに事が進められた。

ロックフェラー財団の農学者の目には、第三世界の農民と科学者は彼ら自身の農業を改善する能力をもたないと映った。彼らは生産性向上の解決策はアメリカ型の農業システムにあると考えていた。しかしながら、アメリカの農業モデルの押し付けは、第三世界やアメリカ国内で批判を受けずにはすまなかった。メキシコの試験場事務所のエドムンド・タボアダ所長は、インドのK・M・ムンシと同じく、生態的にも社会的にも適切な研究戦略は、小農民の積極的な参加なしには生まれないと主張した。

「科学研究はその成果を応用する人々を考慮しなければならない……。おそらく発見がなされるのは実験室、温室、試験場においてであろうが、有用な科学は、すなわち応用し、使いこなせる科学というのは小農民、共有地、地元の共同体の……地元の実験所から現れるはずである[10]」。

小農民と科学者は一緒になって、小農民の田畑でも再生することができる「クリオロ」種子（自然交配による土着品種）の質を高める方法を探究した。しかし、一九四五年頃には、メキシコ農務省の特別研究局は、ロックフェラー財団の資金と管理のもとに、土着の研究戦略をないがしろにして、メキシコにアメリカの農業革命を輸入し始めた。一九六一年に、ロックフェラー財団の資金をもらったセンターは、名前を国際トウモロコシ・小麦改良センター（CIMMYT）に変えた。アメリカの戦略はメキシコで練り直されて、第三世界全体に「緑の革命」として入ってきた。

アメリカの農業モデルは、その非持続可能性や高い生態的コストが度外視されたままであり、あまりうまくいっていなかった。化学肥料、大規模な単一栽培、集約的で徹底した機械化は、アメリカの大草原の肥沃な耕地を三〇年もたたないうちに砂漠に変えてしまった。

一九三〇年代のアメリカのダストボウル（黄塵地帯）は、ほとんどが農業革命によってもたらされたものであった。ハイマンは次のように報告する。

「一八八九年から一九〇〇年にかけて、数千人の農民がオクラホマに移住してきた時に、彼らが築いている新しい農業文明はエジプトほどに長く続くと思っていたに違いない。ところが移住民の孫の代はおろか、息子の代に早くも土壌は疲弊し、農場は荒廃し、作物は埋められたか、根こぎにされ、彼らは死んだ土壌を見捨てて、自分たちがつくりだしたホコリを目や髪にあびながら、かつては豊かな平原であった不毛の砂地を歯をきしらせながら去っていった。西をめざした哀れな行列は神に呪われたオーキーと呼ばれ、蔑まれた。この呪われた移住農業労働者は時代のスケープゴートであり、彼らを地獄に落とした神はおそらく女神であり、ケレース、デーメーテール、マイア（いずれも農業の女神の名―訳注）、あるいはそれより古くて、もっと恐ろしい女神であろう。女神が罰したのは、彼らの堕落であり、女神の世界である自然についての根本的な無知であり、この惑星における生命の基盤である協力と返報という法則に逆らったからである[11]」。

この生態的に破滅的な農業観をロックフェラー財団を通じて、世界の別の地域に広げようという試みが行なわれた時、警告の声があがった。

ロックフェラー財団とフォード財団がとっているアメリカ戦略は、土着の戦略とは異なり、自然のプロセスと民衆の知識に対する敬意を根本的に欠いていた。持続可能で長続きすることを後進的で原始的であると間違って判断し、自然の限界を、取り除くべき生産性の制約であると認識することによって、アメリカの専門家は生態的に破壊的で、持続不可能な農業慣行を世界に広げた。フォード財団は一九五一年以来、インドの農業開発にかかわってきた。一九五二年には、それぞれ約一〇〇村を管轄する一五の地域開発プロジェクトが、フォード財団の財政支援によってスタートした。しかし、このプログラムは一九五九年に放棄された。一三名の北米の農学者からなるフォード財団の視察団がインドにやってきて、インドの五五万の村全部で一斉に進めるということは不可能だと主張したからである。彼らは農民や地区を選んで実施する集中的な方法を勧告したので、地域開発プロジェクトは縮小され、一九六〇年から六一年にかけて集約的農業開発計画（IADP）が始まった。

IADPは、インド農業を再生するための戦略として、ボトムアップ方式の有機物をベースにした土着の戦略から、トップダウン方式の化学集約的な外来の戦略に完全に切り替えた。化学肥料や殺虫剤のような産業投入物は、「過去の足かせ」からインド農業を解放するものと見なされ、「フォード財団、インドで集約的農業開発に乗りだす」という見出しの記事は次のように述べている。

「インドは太陽と広大な土地（その大半が近代農業に対応できる土壌をもつ）と長い栽培シーズン（ほとんどの地域が一年三六五日）に恵まれている。しかし、太陽エネルギー、土壌資源、作物成長期間、灌漑用水などの利用がきわめて不十分か、間違った使われ方をしている。インドの土壌と気候は世界中でもっとも活用されていない。多毛作によって、インド農民はこうした広大な資源を有効に活用することができるだろうか。その答えはイエスに違いない」。

「多毛作により農業計画を強化する新たな可能性が現れている。植物育種家の指導によって、短期栽培で、肥料に反応する非感光性の新たな作物や品種が出てきており、熟練した農業実践によって高い収量をあげることができる。化学肥料の供給量は急増している。このことは、インドの耕作者を過去の足かせから解き放ち、緑肥や堆肥やゆっくりとした自然による土壌養分の補充によって、土壌の肥沃度をほんのわずかずつ改善するというような過去から解放する。ごく最近まで、こうした条件に合わせて品種の改良が行なわれており、実害が発生してから植物の保護対策をとるというのが現状の農業であった。この状況は変わってきている。インドの農民は改革し、変えようという覚悟ができている。農業の開発と拡大、調査と運営に携わるインドの指導者は、新しい可能性を理解し始めている。IADPによって初めて確認された集約農業が、いまやインドの食糧生産の戦略となっている(12)」。

フォード財団の計画のもとで、農業はコストがかからず、簡単に手に入る国内投入物にもとづく農業から、融資が必要となる外来の投入物に依存する農業に変わった。すべての地域で農業の重要性を強調するかわりに、ＩＡＤＰは農業開発のために特別に選んだ地域を優先し、全国の物質的資源や財政的資金をその選抜地域に振り向けた。しかしながら、食糧作物の在来種に関するかぎりは、この戦略は失敗した。土着種の作物は、化学肥料の集約的使用によって「倒伏」する、つまり倒れる傾向があるので、農薬の使用にも限度があった。

フォード財団のスポークスマンが述べているように、「この計画は作物品種を改良することが早急に必要であることを示していた。土着種（初期の頃に入手できたのはこの品種のみ）は、改良した農法にも反応がきわめて悪く、他の近代的な農法にしたがった場合でさえも、収量が低かった」。

土着種の収量がもともと低いというわけではなかった。土着の種子についての難点は、大量の化学物質を消費することに慣れることができないという点にあった。緑の革命の種子は、土着の種子によって化学的集約農業に課せられる限界を克服することをめざしていた。したがって、新しい種子が、自然の限界と循環を打破することの中心となった。したがって、「奇跡」の種子が「緑の革命」の科学の要となった。

緑の革命を起こすための科学と政治の結びつきは一九四〇年代に遡る。この頃、メキシコ駐在アメリカ大使であったダニエルズと米国副大統領のヘンリー・ウォーレスは、メキシコの農業技術の開発を支援するために科学者代表団を結成した。一九四五年にメキシコ農務省のなかに、ロックフェラー財団とメキシコ政府の共同事業として特別研究室がつくられた。一九四四年に、新しいメキシシコ研究計画の責任者であるJ・ジョージ・ハーラ博士と、ニューヨークのロックフェラー財団の幹部であるフランク・ハンソン博士は、戦時中にデュポンの秘密試験所にいたボーローグを、メキシコの植物育種計画にまねいた。一九五四年までに、ボーローグは矮性小麦の「奇跡の種子」をつくりあげていた。一九七〇年に、ボーローグはノーベル平和賞を与えられた。その功績は「栄養に関して新たな世界的状況をつくることに多大な貢献を行なった……。ボーローグ博士の業績である穀物種は、開発途上国全体の経済成長を速めるものである」というものであった。[13]

新しい種子は豊かさにつながり、豊かさは平和につながるという考えは、世界の他の地域へ、とりわけアジアに急速に広まろうとしていた。

CIMMYTは一九五六年にロックフェラー財団とメキシコ政府の共同計画を土台にして創設されたが、このセンターでつくられた「奇跡」の種子が普及して成功をおさめたことに気を良くして、一九六〇年にロックフェラー財団とフォード財団はIRRIをフィリピンに設立した。IRRIは一九六六年には「奇跡」の稲をつくり、CIMMYTの「奇跡」の小麦の仲間入りした。

CIMMYTとIRRIはともに国際的な農業研究センターであり、ラテンアメリカとアジア全体で新しい種子と新しい農業を始めることを目的としたロックフェラー財団のカントリー・プログラムから発展してきた組織であった。一九六九年には、ロックフェラー財団はフォード財団と協力して、コロンビアに国際熱帯農業センター（CIAT）を、ナイジェリアに国際熱帯農業研究所（IITA）を設立した。

表 1-1　国際農業研究協議グループ (CGIAR) のシステム (1984 年)

略　称 (設立年)	セ ン タ ー	所在地	1984 年予算 (百万ドル)
IRRI (1960)	国際稲研究所 International Rice Research Institute	ロス・バニョス フィリピン	22.5
CIMMYT (1966)	国際トウモロコシ・小麦改良センター Centro Internacional de Mejoramientio Maizy Trigo	メキシコシティ メキシコ	21.0
IITA (1967)	国際熱帯農業研究所 International Institute of Tropical Agriculture	イバダン ナイジェリア	21.2
CIAT (1968)	国際熱帯農業センター Centro International de Agricultura Tropical	カリ コロンビア	23.1
CIP (1971)	国際ばれいしょセンター Centro Internacional de la papa	リマ ペルー	10.9
WARDA (1971)	西アフリカ稲開発連合 West African Rice Development Association	モンロビア リベリア	2.9
ICRISAT (1972)	国際半乾燥熱帯作物研究所 International Crops Research Institute of the Semi-Arid Tropics	ハイデラバード インド	22.1
ILRAD (1973)	国際獣疫研究所 International Laboratory for Research for Animal Diseases	ナイロビ ケニア	9.7
IBPGR (1974)	国際植物遺伝資源理事会 International board for Plant Genetic Resources	ローマ イタリア	3.7
ILCA (1974)	国際アフリカ家畜センター International Livestock Center for Africa	アジスアベバ エチオピア	12.7
IFPRI (1975)	国際食糧政策研究所 International Food Policy Research Institute	ワシントン DC 米国	4.2
ICARDA (1976)	国際乾燥地帯農業研究センター International Center for Agricultural Research in the Dry Areas	アレッポ シリア	20.4
ISNAR (1980)	国際農業研究指導センター International Service for National Agricultural Research	ハーグ オランダ	3.5

資料：国際農業研究協議グループ，ワシントン DC，1984.

表1-2　国際農業研究協議グループのメンバー（1983年1月）

国	国際団体	財　　団	途上国を代表する期間限定メンバー
オーストラリア ベルギー ブラジル カナダ デンマーク フランス ドイツ インド アイルランド イタリア 日本 メキシコ オランダ ナイジェリア ノルウェー フィリピン サウジアラビア スペイン スウェーデン スイス 英国 米国	アフリカ開発銀行 アラブ経済開発基金 アジア開発銀行 EC委員会 国連食糧農業機構 米州開発銀行 国際再建開発銀行 OPEC基金 国連開発計画 国連環境計画	フォード財団 国際開発研究センター ケロッグ財団 リバヒューム・トラスト ロックフェラー財団	アジア地域：インドネシアとパキスタン アフリカ地域：セネガルとタンザニア ラテンアメリカ地域：コロンビアとキューバ 南欧と東欧地域：ギリシャとルーマニア 近東地域：イラクとリビア

資料：国際農業研究協議グループ，1818H. Street NW, Washington DC 20433, USA.

一九七一年に、世界銀行のロバート・マクナマラ総裁の提案で国際農業研究協議グループ（CGIAR）が結成され、こうした国際農業研究センターのネットワークに資金を提供した。一九七一年以来、九つのIARCがCGIARシステムに加わった。国際半乾燥熱帯作物研究所（ICRISAT）が一九七一年にインドのハイデラバードで開設された。国際獣疫研究所（ILRAD）と国際アフリカ家畜センター（ILCA）が一九七三年に承認された。

協議グループは一六の寄付団体に支えられ、一九七二年に二〇〇〇六万ドルの寄付を集めた。一九八一年には、四〇団体から寄付を受けて、予算は一億五七九四万五〇〇〇ドルに急増した。

国際研究所の成長は、第三世界の小農民と第三世界の研究機関がもっている分散化した知識体系の崩壊を土台にしていた。知識と遺伝資源の中央管理を達成するには、前にも述べたように、抵抗があった。メキシコでは農民組合が抵抗した。メキシコのチャピンゴにある国立農業大学の学生や教授はストライキを行なって、アメリカの戦略から生まれた計画ではなく、小規模の貧しい農民やメキシコ農業の多様性にもっと合った計画を要求した。

IRRIは一九六〇年にロックフェラー財団とフォード財団によって設立されたが、九年前にその前身である中央稲研究所（CRRI）がインドのカタックに設立されていた。カタックのCRRIは土着の知識と遺伝資源にもとづく稲の研究を行なっており、その戦略は明らかに、アメリカが支配するIRRIの戦略と対立した。国際的な圧力によって、CRRIの所長は解任されたが、それは所長が集めていた稲の生殖質（ジャームプラズム）の取り扱いをIRRIにまかせることを拒否し、IRRIがつくった高収量品種（HYV）を早急に導入するのをやめるように要求したからであった。

マッディヤ・プラデシュ州政府が元CRRI所長にささやかな俸給を与えたので、彼はライプルにあるマッディヤ・プラデシュ稲研究所（MPRRI）で研究を続けることができた。このわずかな予算で、彼はインドの米作地帯であるチャティスガルにもとからある二万種の土着の稲を保存した。MPRRIは、チャティスガルの部族がもっている土着の知識をもとに多収戦略を開発するというパイオニア的な仕事をしていたが、のちに世界銀行（CGIARを通じてIRRIと結びついていた）の圧力によって閉鎖された。MPRRIが収集した生殖質をIRRIに送ることを留保したからであった。[14]

フィリピンでは、IRRIの種子は「帝国主義の種子」とよばれていた。フィリピン農業経済開発協会のロバート・オナーテ会長は、IRRIの農法は負債を増やし、農薬と種子への新たな依存をもたらすものであると述べた。「これはいわば緑の革命コネクションである」と彼は発言した。「CGIARの世界的な作物と種子システムでつくられた新しい種子を用いれば、多国籍企業のコングロマリットが生産している肥料、農薬、機械に依拠することになる」。[15]

知識の集中化はCGIARの連鎖のなかに組み込まれており、CGIARの技術は次のレベルの国立研究センターに移された。地元の栽培者や植物育種家の知識の多様性は排除された。均一性と脆弱性は、アメリカ人の専門家やアメリカで訓練された専門家が運営する国際研究センターに組み込まれており、少数の新しい品種をつくりだしていたが、それらの品種は、何世紀にわたって蓄積された知識をもとに、何世代にわたって構築してきた農法にしたがって栽培してきた何千種という土着の品種に取ってかわろうとするものであった。

緑の革命に政治が組み込まれていた。なぜなら、つくられた技術はもっとも恵まれた地域のもっとも恵まれた農民のための資本集約的な投入をめざすものであり、資源不足の地域の小農民の資源節約的なオプションから離れるものだからである。緑の革命の科学と技術は貧しい地域や貧しい人々、そして持続可能なオプションを排除した。アメリカの顧問は「ベストなものを土台に築く」というスローガンを与えた。緑の革命はこのように基本的には政治的選択であった。

ラッペとコリンズは次のように述べた。

「歴史的にみて、緑の革命は最適条件のもとで高収量をあげる種子をつくるという選択であった。つまり、干ばつや病虫害に強い種子を開発することを出発点にしないという選択であった。混作のような収量を増やすための伝統的な方法を改良することをまず重視することはしないという選択であった。生産的で、労働集約的で、外国から供給される投入物に頼らないような技術は開発しないという選択であった。穀物とマメ類というバランスのとれた伝統的な食事を増強するということに重点をおかないという選択であった(16)」。

土着農業の作物と品種の多様性を退け、狭い遺伝的基盤と単一栽培が取ってかわった。国際取引が行なわれている穀物に注目し、混作や輪作をやめて、多様な品種のかわりに数少ない品種をつくる戦略であった。新しい品種は多様性を減らす一方で、水資源の使用を増やし、農薬や肥料などの化学投入物の使用量を増やした。

緑の革命の戦略は、資源不足を克服して、豊かさをつくりだすということを目的にするものであった。しかし、この戦略は、乏しい再生可能な資源に対して新たな需要をよび起こし、非再生可能

表 1-3　国際稲研究所（IRRI）の資金源（1961-80）　　（単位：米ドル）

資　金　源	金額	%	資金提供年
フォード財団	23,950,469	18.84	1961-80
ロックフェラー財団	20,460,431	16.1	1961-80
アメリカ国際開発局	28,982,114	22.80	1967-80
国際組織	20,334,788	16	
アジア開発銀行	800,000		1975, 77
ヨーロッパ経済共同体	3,011,219		1978-80
肥料開発センター	70,939		1979-80
国際カリウム研究財団	7,375		1963-65
国際植物遺伝資源理事会	208,100		1977, 79-80
国際昆虫生物学生態学センター	125,432		1978-80
国際開発研究センター	3,710,736		1972-73, 75-76, 78-80
国際開発協会	7,775,000		1973-80
国際農業研究基金	500,000		1980
国際カリウム研究所／北米カリウム研究所	68,064		1963, 65-66, 68-69, 71-79
OPEC 特別基金	200,000		1980
国連経済社会理事会	6,000		1970, 79
国連食糧農業機関（FAO）	2,650		1969
国連環境計画	280,000		1974-78
国連開発計画	3,559,273		1974-78, 78
世界リン鉱岩研究所	10,000		1975
各国政府	31,920,619	25.11	
オーストラリア	4,185,459		1975-80
ベルギー	148,677		1977
カナダ	6,507,862		1974-80
デンマーク	443,048		1978-80
ドイツ連邦共和国	3,459,159		1974-80
インドネシア	1,619,119		1973-80
イラン	250,000		1977
日　本	8,882,145		1971-77, 79-80

表1-3　つづき

韓　国	82,259		1980
オランダ	1,168,673		1971-79
ニュージーランド	137,450		1973, 76-78
フィリピン	100,000		1980
サウジアラビア	274,300		1976-77, 80
スウェーデン	285,700		1979-80
英　国	4,073,824		1973-76, 79-80
企　業	345,726	0.27	
バイエル	9,333		1971, 73
ブーツ・カンパニー	1,000		1977
シェブロン・ケミカルズ	2,993		1972, 77
チバガイギー	20,500		1968, 70, 72, 75, 78-80
サイナミド	19,000		1975-76, 78, 80
ダウ・ケミカル	10,153		1967-70
イーライ・リリー&Co (エランコ)	6,000		1968-70
エッソ・エンジニアリング&リサーチ・カンパニー	4,406		1964-68
FMC	9,000		1975-77, 80
ガルフ・リサーチ&デベロップメント・カンパニー	3,500		1969, 72
ヘキスト	11,891		1972, 75-78, 78
インペリアル・ケミカル・インダストリーズ	55,000		1967, 69, 71-76, 79-80
IBM	7,000		1967
インターナショナル・ミネラルズ&ケミカル Corp.	60,000		1966-67, 75
ケマノバー	500		1980
ミネソタ・マイニング&マニュファクチュアリング・カンパニー	1,000		1974

表1-3　つづき

モンサント	12,500		1967, 69, 71-72, 76, 78-80
モンテディソン	8,982		1977-78, 80
オキシデンタル・ケミカル	500		1971
ピッツバーグ・プレート・グラース Co.	2,000		1967
プラント・プロテクション Ltd.	5,000		1966
シェル・ケミカル・カンパニー	42,672		1969-70, 72-73, 75, 77-78, 80
ストーファ・ケミカル・カンパニー	40,000		1967-69, 71-76, 78-80
ユニオン・カーバイト	11,000		1968, 70
ユニロイヤル・ケミカル	496		1980
アップジョン	1,200		1972
政府機関	1,030,872	0.81	
国立保健研究所(米国)	383,708		1978-80
全国食糧農業協議会(フィリピン)	276,859		1973, 76-80
全国科学開発委員会(フィリピン)	104,172		1963, 65, 67-68, 73, 75-76, 64-68, 76
フィリピン農業資源研究協議会	198,911		1976-80
大　学	13,634	0.01	
イースト・ウェスト・センター(ハワイ)	1,500		1976, 78
ホーエンハイム大学(シュトゥットガルト)	4,370		1980
国連大学	7,764		1980
その他	61,557	0.05	1966, 69, 77
合　　計	127,100,210		

資料：国際稲研究所，1962-80年の年報.
訳注：小計が合わない箇所もあるが，原資料との照合が不可能なためそのまま掲載した.

な資源にも新たな需要をまねいた。緑の革命の技術は、肥料、殺虫剤、種子、水、エネルギーの巨大な投資が必要である。集約的農業は深刻な生態破壊をまねき、新しい形の欠乏と脆弱性を生みだし、資源利用の新たな非能率をまねいた。土地や水などの自然の恵みの限界を超越するどころか、緑の革命は土地、水資源、作物の多様性を浪費することによって、農業に新たな制約を持ち込んだ。緑の革命は奇跡として売り込まれていた。

しかし、アンガス・ライトが以下のように述べている。

「農業研究が間違った方向に進むひとつの道は、奇跡が起こっていると言ったり、そのように言わせておくこと自体にあった……。歴史的にみて、科学や技術は、自然界において奇跡というような考えを拒否することで、最初の進歩を遂げたのだ。その立場に戻ることがおそらく最善の道だろう[17]」。

緑の革命と社会の支配

緑の革命は、農業社会を物質的に豊かにすると同時に、農民紛争を抑制する戦略として宣伝された。緑の革命の新しい種子は、豊かさを生む種子となるとともに、アジアにおける新しい政治経済をつくりだす種子となるはずであった。

緑の革命は必然的に逆説的なものとなった。一方で、緑の革命は、豊かさと平和をつくりだすために、技術を自然と政治の両方の代替物として提供した。その一方で、技術それ自体が、もっと集約的に自然資源を利用することを求め、それに付随して集約的な外部投入物を要求し、さらには社会における権力の配分方法を再編成することまでも求めた。自然と政治を農業変革の不可分の要素として扱うことにより、緑の革命は自然の生態系と農業構造に大きな変化をもたらした。科学と農業における新しい関係は、国家と栽培者の新たな結びつき、国際利権と地元の共同体の新たな結びつき、農業社会の内部における新たな結びつきを決定した。

緑の革命のみが唯一の戦略というわけではなかった。土地改革を通じて公正さを取り戻し、農業社会の政治的不安の根底にある政治の二極化を排除することによって、農業社会の平和を求める戦略もあった。

植民地主義は第三世界の農民から、土地の権利や農業生産に全面的に参加する権利を奪った。インドで英国はザミンダーリー制度、すなわち地主制度を導入して、土地利用を食糧栽培から、アヘンや染料になるインジゴの栽培に転換させ、耕作者から税を徴収した。

R・P・ダットは、英国の兵士を兼ねた商人である東インド会社がベンガルの徴税権を握った時に、農業の税収入が突然増えたことを記録している。

「ベンガルをインド人支配者が管理していた最後の年、つまり一七六四・六五年の土地税収は八一万七〇〇〇ポンドであった。東インド会社が管理した初年度の一七六五・六六年に、ベンガルで獲得した土地税収は一四七万ポンドであった。一七七一・七二年には二三四万八〇〇〇ポンドに、一七七五・七六年には二八一万八〇〇〇ポンドになった。コーンウォリス総督は一七九三年にパーマネント・セトルメント（徴税の担当者であったザミンダールを近代的地主の地位に固定し、ザミンダールが農民から取り立てる地代から高率の地租を納入させようとした―訳注）を定めることにより、三四〇万ポンドを確保した[18]」。

植民地の収入源となる農産物の量が増えるにつれて、農民や農業生産の条件が劣悪化するという犠牲をもたらした。

バジャージによると次のような状態であった。

「英国人の手にわたる金が多くなるにつれて、村や生産者が食べるための金や、彼らのニーズに応えるさまざまな村の組織を維持する金がほとんどなくなった。ダラムパルの推定によると、一七五〇年頃には、農産物の全収量を一〇〇〇とすると、生産者は三〇〇を租税として払い、そのうちの五〇のみが中央当局にわたり、残りは村に残された。一八三〇年頃になると、租税として六五〇を支払い、そのうちの五九〇がそのまま中央当局にわたった。このような重い徴税のために、耕作者も村人もともに破滅した[19]」。

メキシコでは、スペイン人が「アシエンダ」（大農園）所有制度をつくった。二世紀にわたる植民地支配で、アシエンダが農村地域を支配した。大農園が七〇〇〇万ヘクタールの土地を保有し、地元の共同体が管理する土地は一八〇〇万ヘクタールしか残らなかった。ギュスタヴァ・エステヴァによると、一九一〇年には、およそ八〇〇〇の「アシエンダ」が少数の所有者の手に握られ、一億一三〇〇万ヘクタールの土地、四五〇〇人の管理人、三〇万人の借地人、三〇〇万人の年期奉公の労務者や小作人をかかえた。推定一五万人の「インディオ」の共有地の保有者が六〇〇万ヘクタールを占拠した。人口の一％たらずが土地の九〇％以上を所有し、農村人口の九〇％以上が土地をまったく手にすることができなかった。[20]

一九一〇年から一九一七年までに、メキシコでは一〇〇万人以上の小作人が土地を求める闘いで死亡した。一九三四年から一九四九年までに、ラザロ・カルデナス（一九三四年に「メキシコの労働者よ団結せよ」をスローガンに大統領に当選。六年間の在任中に土地分配や大所有地の接収を実施した―訳注）は七八〇〇万エーカーの土地を再配分し、農業人口の四二％がその恩恵に浴した。新しい再配分計画によって、小農民は土地の四七％を所有した。

ラッペとコリンズは次のように報告している。

「社会的および経済的プロセスは、外国の専門知識や高額の輸入された農業投入物に依存することなく、地元農民の豊かであるが、まだ十分に活用されていない資源に依存することによって達成されていた。生産増加は重要であると見なされたが、すべての農民の生産性を高めることによって生産増加を達成することが目標であり、そうすることによってのみ、農村の大多数が生産増加の利益を受けることができた。地主、有力者、金貸しの恐怖から解放された時に、農民は自分の労働がようやく自分の利益になることがわかり、生産意欲をもつことができた。権力が、田畑で働いている人々が支配している農業改良組織に移行していることが感じられた[21]」。

農民がこのようにして政治的および経済的権力を握ったために、強大なアシエンダ所有者とアメリカ企業の権力崩壊をまねき、アメリカ企業の投資は一九三〇年代半ばから一九四〇年代初めにかけて約四〇%低下した。

カルデナスの後をアビラ・カマチョが引き継いだ時に、メキシコの農業政策に根本的な変化が起こった。緑の革命の戦略にしたがって、アメリカが農業政策を指導し、農業研究や資源を支配するようになった。

農民運動は土地の権利を取り戻すことによって、農業関係を再編成しようとした。緑の革命は農業生産と公正さの問題を切り離すことによって、社会関係を再編成しようとした。緑の革命の政治は本質的には脱政治化の政治であった。

アンダーソンとモリソンは次のように語る。

「一九六〇年にロス・バニョスでIRRIを創設したのは、次のような信念を制度的に具体化したものであった。すなわち、質の高い農業研究と技術的拡充は、稲の生産を高め、食糧供給状態を緩和し、農村地域の商業的な繁栄を広め、農民の過激主義を鎮めるという信念であった[22]」。

一九五〇年代に、アジアの新興独立国家では農民紛争が起こっていた。中国の共産党が権力を握った時、共産党は地方の農民組合が土地を取り戻し、借金を帳消しにし、富を再配分するように促した。農民運動は、中国の経験に啓発されて、フィリピン、インドネシア、マレーシア、ベトナム、インドで燃えあがった。こうしたアジア諸国の新しい政府は農民不安を抑えて、政治状況を安定化させる手段を見つけなければならなかった。それは「農村地域における重要な要因のなかのもっとも爆発的な不満を鎮めること[23]」であった。

インドが独立した時に、土地改革は政治的に必須であると考えられていた。ほとんどの州は一九五〇年までには土地改革に着手しており、ザミンダーリー制度を廃止したり、小作人に土地保有権を与えたり、妥当な借地料を決めたりした。さらに土地所有の上限を導入した。土地改革の戦略の応用には欠点があったものの、一九五〇年代や一九六〇年代を通じて、耕作者を救済した。土地関係にある程度の公正な秩序が戻ったおかげで、作物の総生産は一九五〇年代を通じて、上昇を続けた。

しかしながら、農業生産と農村平和のための第二の戦略が国際的に画策されており、その動因となっていたのは「中国を失った」ことの不安であった。ロックフェラー財団やフォード財団などのようなアメリカの機関、アメリカ国際開発局、世界銀行などが、政治的介入の新たな時代に向けて結集した。

アンダーソンとモリソンは次のように述べた。

「効果のほどはまちまちだが、すべての手段に一貫しているのは、農村地域を政治的に安定させようという関心であった。農民は萌芽状態の革命家であり、あまり厳しく搾取されると、彼らは団結して、アジアの新興ブルジョア階級が支配する政府に立ち向かうようになるというのが国際的な認識であった。こうした認識から、アジアの新政府の多くが一九五二年に、英国とアメリカが主催したコロンボ計画（もとは英国の東南アジア開発計画―訳注）に加わった。この計画はアジアの農村改善を、共産主義の魅力を抑えるための手段としてはっきりと打ち出していた。外国資本に援助された農村開発は、農村地域を安定化するための手段であると説明された[24]」。

クリーバーの見解は次のようなものである。

「食糧は、アジアの多くの国における農民革命を阻止するための政治的な武器であると明確に認識されていた……。当初から緑の革命における穀物の開発は、反革命のために科学と技術を結集するということであった[25]」。

このように緑の革命のそもそもの始まりから、物質的な繁栄を高めて、農民の不安を鎮めるための戦略として、科学と政治が結びつけられたのであった。各国政府や国際援助機関の社会計画立案者にとっては、緑の革命の科学と技術は、アジアの発展途上国における農村地域を、公正な再配分ではなくて経済成長を通じて平穏化することをめざす社会政治的戦略の不可欠の要素であった。そして、農業はこうした新たな成長の源となるべきものであった。

緑の革命は農業制度を再編成するということでは明らかに政治的であったが、参加や平等などの政治問題への関心は意図的に避けて、政治的安定という関心に置き換えられた。成長の目標は、政治参加の目標と切り離されなければならなかった。

当時ロックフェラー財団にいたディビッド・ホッパーは「飢えを克服する戦略」のなかで次のように書いている。

「農業成長のための公共政策を中心にして、利益の本質的要素について検討しよう。目標の混乱は、これまでの農業開発のための目的意識的な活動の特徴であったが、飢えを克服すべきだとするなら、いつまでも混乱させておくことはできない。各国政府は成長の目標と、社会発展や政治参加の目標とは明確に切り離さなければならない……。こうした目標はかならずしも矛盾するわけではないが、ひとつの活動計画でそれらの目標を一緒に追求することは、豊かさを求める効果的な戦略の開発と両立できない。飢えを克服することは大きな課題である。社会的平等と機会を保証することは、別の大きな課題である。それぞれの目標は別個にたてて、別の活動で追求しなければならない。相補性があるなら、それを活用すべきである。しかし、計画内容の矛盾は政治レベルでただちに解決し、生産の追求をこうした目的に従属させるならば、過去の悲惨な記録を塗りかえることができないことを十分に認識すべきである[26]」。

公平な配分を通じて生産増加を達成した記録は、緑の革命以前のメキシコとインドの経験に見ることができる。

エステヴァは、一九三〇年代の土地改革の結果として、農民共同体に返還された「エヒード（共有地）」は、全国の耕地面積の半分以上に達し、一九四〇年には総農業生産の五一％を生産したと報告している。この間の生産は拡大を続け、一九三五年から一九四二年までに年間五・二％の割合で増えた。

同じように、ジャティンダル・バジャージは、緑の革命の前後の業績を調べた研究で、作物生産総量の成長率は緑の革命の後よりも、前のほうが高かったと報告している。一九六七・六八年にイ

表 1-4　複利成長率

期　間	生　産		面　積		収　量（年間%）	
	(a) 1949-50 から 1964-65	(b) 1967-68 から 1977-78	(a) 1949-50 から 1964-65	(b) 1967-68 から 1977-78	(a) 1949-50 から 1964-65	(b) 1967-68 から 1977-78
食用穀物	2.98	2.40	1.34	0.38	1.61	1.53
非食用	3.65	2.70	2.52	1.01	1.06	1.15
すべての作物	3.20	2.50	1.60	0.55	1.60	1.40
米	3.37	2.21	1.26	0.74	2.09	1.46
小　麦	3.07	5.73	2.70	3.10	1.24	2.53
マメ類	1.62	0.20	1.87	0.75	0.24	0.42

a) NCAR (vol1, ch. 3, p. 230-241) から集めたもの.
b) Estimates of Area and Production of Principal Crops in India, 1978-79. 経済統計局刊行.

ンドは正式に緑の革命に着手した（表1－4）。

緑の革命前の農業生産の実績は決して「暗い」ものではなかった。それに「奇跡」の種子を導入した後に、生産実績が奇跡的に伸びたわけでもなかった。「奇跡」的な印象を与えているのは、緑の革命によってインドが「物乞いをする盆地」から「穀倉地帯」に変わり、[27]食糧が余るようになって、「輸入食糧で食いつなぐ」ようなインドの最低生活が終わったという一般的なイメージがあるからである。一般的にこのように信じられているのは、緑の革命の後に穀物の輸入がかなり減少したという印象があるからである。ところが、実際は、表1－5で見るとおりに、緑の革命の後もかなりの食糧輸入が続いていた。

緑の革命が奇跡であるかのように見なされてきた第二の理由は、穀物取引についての歴史に反する見解にある。北から南への穀物の流れは最近になってからのものであり、それ以前は穀物は南から北に運ばれていた。インドは戦前はヨーロッパに小麦を輸出していた主要供給国であった。ダン・モーガンは次のように報告している。

「一八七三年にスエズ運河が開通して、インドから最初の小麦が到着したが、その実現に動いたのは英国の実業家であり、彼らは英国の支配下で、安くて安全な小麦の供給源を獲得しようと動いた。英国はインドを、大英帝国にとっての安全な小麦の供給源として想定していた。

表1-5　インド政府決算報告書によるインドの食用穀物輸入

年	数　量（千t）
1949	3,765
1950	2,159
1951	4,801
1952	3,926
1953	2,035
1954	843
1955	711
1956	1,443
1957	3,646
1958	3,224
1959	3,868
1960	5,137
1961	3,495
1962	3,640
1963	4,556
1964	6,266
1965	7,462
1966	10,058
1967	8,672
1968	5,694
1969	3,872
1970	3,631
1971	2,054
1972	445
1973	3,614
1974	4,874
1975	7,407
1976	6,483
1977	547

資料：経済統計局，ニューデリー．

産業界の巨頭は鉄道や運河をインダス川やガンジス川流域に敷設したが、この流域では農民が何世紀にもわたって小麦を栽培してきたのである」[28]。

ジョージ・ブラインによると、第一次世界大戦の四半世紀前から、一人当たりの生産高と消費量が主要な地域すべてにおいて高まっていた。

「食用穀物のほとんどがかなりの比率で伸びており、大量の米や小麦が輸出されていたけれども、国内で利用できる穀物も生産高と同じような比率で伸びていた……。初期の証拠資料によれば、農産物の一人当たりの消費量は相当の年月にわたって伸びていた[29]」。

食糧危機と飢饉の時期にも、植民地政府はもちろん国民が生きてゆくのに必要な量を上回る租税を要求した。およそ一〇〇〇万の国民が死んだベンガルの大飢饉の一年後の一七七二年一一月三日に、ウォレン・ヘイスティングズは東インド会社の重役会に次のように書き送った。

「州の住民の少なくとも三分の一が死亡し、それによって耕作も激減しているにもかかわらず、一七七一年の純徴税額は一七六八年をさらに上回っていた……。これほどの大きな災害があったからには、租税もそれによる影響と歩調を合わせて減少するものと予想された。ところがそうはならなかったのは、徴税を厳格に以前の水準に合わせたからであった」[30]。

人類の歴史を通じて最悪の食糧不足の根源には不公平があり、また社会的暴力の根源にも不公平と不平等があった。農業生産の問題を不公平の問題と切り離すことによって、緑の革命の戦略は政治的動揺を鎮めようとした。しかし、平等と持続可能性の目標を避けることによって、新たな不平等と新たな欠乏をつくりだした。緑の革命の平和戦略はブーメランのように元に戻ってきた。新たな分極化をもたらすことによって、緑の革命は新たな衝突の可能性をつくりだした。

ビンスワーガーとファッテンは次のように述べた。

「しかしながら、食用穀物の生産に新しい種子・肥料技術を用いたことが、多くのアジア諸国や他の発展途上国の農村地域における政治経済組織を革命的に変革する可能性を弱めたことがはっきりしている。所得格差が広がったにもかかわらず、新しい種子・肥料技術が効果をあげた地域では、生産性向上の利益がほとんどの階級の既得権を維持するほど十分にゆきわたり、革命的というよりも進化論的な農村発展の形をとった」。

「しかし、一九七〇年中頃には、過去一〇年にわたって達成してきた生産性向上がスローペースになり、多くの地域で大きな困難をともなうようになってきた。過去一〇年間にわたって緑の革命を激しく批判してきた人々が予測した農村組織の革命的な変化が、多くの発展途上国の農村地域の悲惨さが深まれば、おそらく今後一〇年のうちに起こるであろう[31]」。

第二章　「奇跡の種子」と遺伝的多様性の破壊

一九五〇年代に、ボーローグが小麦の準矮性の高収量品種（ＨＹＶ）をつくった時に、「緑の革命」という新しい宗教が生まれ、「奇跡の種子」がもたらす豊かさを約束した。一九六〇年に、ボーローグがローマで科学者や国連幹部を前に講演を行ない、全世界から農学者を集めて教育するプログラムをメキシコで始めることを約束した。宗教的な性格そのままに、彼はこの計画を「小麦使徒の実務学校」と称した。ロックフェラー財団が資金を出し、国連食糧農業機関（ＦＡＯ）が国際機関のお墨付きを与え、メキシコ政府が施設を提供した。

「ボーローグの使徒たちは、初めはアフガニスタン、キプロス、エジプト、エチオピア、イラン、イラク、ヨルダン、リビア、パキスタン、シリア、サウジアラビア、南米の一〇カ国以上の国からやってきて、国際トウモロコシ・小麦改良センター（ＣＩＭＭＹＴ）の科学者から、遺伝学、耕種学、土壌、植物育種について一年間の研修を受け、それから母国に戻り、新しい農業の福音を説いた(1)」。

一九六三年に、ボーローグの小麦使徒の一人であるＭ・Ｓ・スワミナタン博士は、この大司祭をインドに招いて、「奇跡」の種子の福音を広める手配をした。ボーローグの訪問によって、彼は次のように信じるにいたった。

「インドの穀物生産は飛躍的に前進する見込みがある。メキシコの新種が育っているのを見て、私はインドでもこの品種がうまく育ち、すばらしく成長するだろうと考えるようになった。病気への耐性が現在程度に維持され……、肥料やその他の必要物が十分に確保されるなら、すばらしいことが起こる可能性がある(2)」。

一九六〇年中頃には、インドは新しい種子を利用し、普及させるために、農業政策をそれに合わせた。このプログラムは新農業戦略として知られるようになった。この戦略は耕地の一〇分の一を重点的にとりあげ、当初は一つの作物のみ、つまり小麦だけを選んだ。一九六五年の夏には、インドはパキスタンとともに、メキシコに小麦の種子を六〇〇〇トン注文した。一九六六年の秋に、インドはメキシコの小麦の種子を一万八〇〇〇トン購入するのに二五〇万ドルを支払った。一九六八年になると、植え付けた小麦のほぼ半分がボーローグの矮性品種であった。福音は急速に広まって、一九七二・七三年には、第三世界全体で一六八〇万ヘクタールに矮性の小麦が植えられ、一五七〇万ヘクタールに矮性の稲が植えられた。交雑種の稲作地域の九四%はアジアであり、そのほぼ半分がインドであった。

矮性遺伝子は緑の革命の技術的な包括計画に欠かせないものであり、化学肥料の集約的な投入が前提であった。丈の高い在来種は、化学肥料を多投すると「倒伏」する傾向があったが、それは養分が植物全体の成長へと転化されるからである。矮性種は丈が短くて、茎が曲がりにくいので、肥料を穀粒に効率的に転化することができる。矮性小麦の遺伝子はノーリン一〇号とよばれる日本の品種からとっており、稲の矮性遺伝子は台湾のＤＧＷＧとよばれる品種からとっている。ＣＩＭＭＹＴと国際稲研究所（ＩＲＲＩ）の育種計画を通じて確立された化学肥料と矮性品種の結びつきは、種子をどのように認識し、生産するかということや、誰が種子の生産と使用を管理するかという点に大きな変化をもたらした。

一万年にわたって、農民や小農民は自分たちの土地で自分たちの種子をつくり、最良の種子を選び、それらを保管し、再び植えて、生命の更新や肥沃化を自然の歩みにまかせてきた。緑の革命によって、小農民はもはや穀粒を保管し、保存することによって、共有の遺伝的遺産の管理人をつとめることがなくなった。緑の革命の「奇跡の種子」はこうした共有の遺伝的遺産を、特許や知的所有権で保護される私的財産に変えてしまった。植物育種の専門家としての農民は、多国籍の種子会社や、ＣＩＭＭＹＴやＩＲＲＩなどのような国際研究機関の科学者に道を譲った。作物の遺伝的多様性や自己更新能力を維持し、豊かにするような植物育種の戦略が、均一性と更新不能性を特徴とし、多国籍企業の利潤を増やし、第三世界の遺伝資源に対する第一世界の支配を強めることを優先するような戦略に変わってしまった。緑の革命は、「種子」の基本的な性格と意味を変えることによって、一万年にわたる作物の進化の歴史を変えてしまった。

一万年にわたって、農業は遺伝的多様性を保存し、さらに高めるという戦略を基本にしてきた。元ＦＡＯの遺伝資源の専門家であるエルナ・ベネットはこう語る。

「人間が種をまいて栽培するということのつみ重ねは、まったく推定ができないような膨大な数の新種の栽培種とその近縁種をつくりだしてきた。人間が住む地球は、いわば二度と繰返されることのない壮大な規模の植物育種の実験が、一万年にもわたって行なわれてきた試験場であった(3)」。

この実験には、数百万人の農民や小農民が数千年にわたって参加し、遺伝資源の多様性を発展させ、維持してきた。この実験が集中して行なわれているのはいわゆる発展途上国であり、ここには多様な遺伝資源がもっとも集中しており、人間がもっとも古くから作物を栽培してきた。伝統的な育種家、第三世界の小農民は、地球の遺伝資源の管理人として、種子を神聖なものであり、生命の大きな連鎖のきわめて重要な要素として扱ってきた。種子は買ったり、売ったりするものではなく、自然の賜物として、ただで交換した。インド全土を通じ、食糧不足の時代においてさえ、種子はどの家庭でも保存されていたので、食糧生産のサイクルは種子がなくなることによって阻害されることはなかった。

種子が土着の品種から緑の革命の種子に移行することによって、農民が支配する農業システムから、農薬会社や種子会社、国際農業研究センターが支配する農業システムへと変化した。この変化は、種子が田畑で再生産される無料の資源から、高い金を出して買うべき投入物に変わるということを意味した。各国は新しい種子を普及させるのに国際借款に頼り、農民がその種子を使うには、

種子生産の各段階

育種家種子 (Breeder's Seeds)	育種家の研究所で生産
	｜ 品種発表 ｜
基礎種子 (Foundation seeds)	国立種子公社の基礎種子計画を通じて育種家種子を増産
	｜ 品種配布 ｜
登録種子 (Registered seeds)	民間の種子栽培業者や種子会社が基礎種子や他の登録種子を増産
	｜ この段階はそれほど重要ではない ｜
保証種子 (Certified seeds)	民間の種子栽培業者や種子会社が基礎種子，登録種子，他の保証種子を増産

銀行から金を借りなければならなかった。国際農業センターが供給した種子は、各国レベルで再生、交配、増産が行なわれた。

化学集約的農業向けの種子生産のために、種子保証機関は種子を四つのカテゴリーに分類した。

一、育種家種子　植物育種家あるいは施設が直接生産するか、管理している種子あるいは植物繁殖素材。育種家種子は核種子ともよばれる。

二、基礎種子　この種子は育種家種子を直接増やしたものである。

三、登録種子は基礎種子の子孫である。

四、保証種子は基礎種子あるいは登録種子の子孫である。

世界銀行の資金は、緑の革命の品種を流通させるために必要な巨大なネットワークをつくるのに重要な役割を果たした。一九六三年に国立種子公社が設立された。一九六九年には世界銀行から一三〇〇万米ドルを借りて、テライ種子会社が設立された。この後にさらに二つの全国種子プロジェクト（NSP）のための融資が続いた。NSP-Iのための二五〇〇万米ドルは一九七六年に、NSP-IIの一六〇〇万米ドルは一九七八年に貸し与えられ、国家種子プログラムを支えた。プロジェクトの全体的な目標は、国立研究機関を発展させて、新たなインフラストラクチャーをつくり、保証種子の生産を増やことであった。一九八八年に、世界銀行はインドの種子部門に四回目の融資を与えたが、これはインドの種子産業の「市場反応性」を高めるためであった。

種子生産に多国籍企業を含めた民間企業を参加させることが、NSP-III（一億五〇〇〇万米ドル）の特別な目標であった。このことが必要だと考えられたのは、プロジェクト計画書が述べているように、「種子の継続的な需要が予想したほどに伸びず、誕生したばかりの産業の発展を阻んでいたからである。自家受粉作物では、とくに小麦と稲においては、実際に使われている種子は、農民が保有していたり、農民同士が交換する種子がほとんどで、高収量品種（HYV）のなかに在来種よりも穀粒の質が悪いものがあったので、農民には好まれなかった」からである。[4] 市場販売される種子を成長させることが、種子産業を発展させる主要な目標である。なぜなら農民が保有している種子は金銭的な意味での成長をもたらさないからである。

奇跡の種子があるにもかかわらず、インドの大部分の農民が、種子を自分で保存し、農民同士で市場の外で交換することを好んだという事実は、農民自身の生産と交換ネットワークのほうが発展性があることを物語っているとは考えられなかった。それどころか、その事実は、法人組織の生産者や供給業者への貸付けを増やし、十分な奨励策を与えて、商業化を押し進めるべき根拠とみなされた。分権的な地域活動として存在していた在来種の種子産業は、世界銀行の視野のなかでは完全にその存在が消されてしまい、世界銀行によれば「一九六〇年までは、種子産業はほとんど発展しなかった」のであった。

主食穀物の種子は緑の革命によって商業化された。ジャック・ドイルが言っているように、「緑の革命で金もうけができると初めて認識されたのは、種子そのものに価値を見つけたからであった」。緑の革命によって、種子は金になっただけでなく、機械にもなった。

高収量品種の作物に関するテキストにはこう書かれている。

「植物は農業の主要な工場であり、そこでは種子はいわば『機械』である。肥料と水は燃料である。除草剤、殺虫剤、装置、信用、技術的ノウハウはアクセルであり、植物産業の生産高を増やす。植物産業の生産高は、キャッシュやそれ以外の投入物を利用できるかどうかという種子の遺伝的能力と直接的に相関する。農業における最近の技術的革命は、『高収量品種の種子を指す婉曲表現である』と言われており、こうした種子の出現それ自体が奇跡であり、人口と食糧の増加についてのマルサス理論に対する挑戦である。肥料、殺虫剤、除草剤、水、機械、道具などの投入物は、数十年前から農業で利用されてきたが、在来種では養分吸収に遺伝的な限界があるために、そうした投入物の利用はきわめて低いレベルにとどまっていた(5)」。

新しい種子産業の土台となっている機械論的な考え方は、神人同形論であり、文化的にはショービニズム（狂信的排外主義）である。土着の品種、あるいは在来種は、自然淘汰と人間の選択によって進化し、第三世界の農民によって生産され、使用された品種であるが、「原始的栽培種」とよばれている。国際農業研究センターや多国籍種子会社に属する現代の植物育種家がつくった品種は、「高等」あるいは「選良」とよばれている。

緑の革命の不公平な比較

「奇跡」の種子あるいは緑の革命の種子は、それらが追い払った多様な土着の作物や品種にくらべて、本来的に優れていて、「高等」なのであろうか？　新しい種子の奇跡はたいていは「高収量品種」（ＨＹＶ）という用語で伝えられてきた。ＨＹＶのカテゴリーは、緑の革命のパラダイムの中心的なカテゴリーである。この用語が示している意味に反して、「収量性」を測る中立的で客観的な尺度はなく、奇跡の種子にもとづいた栽培システムが、それ以前の栽培システムよりも高収量であると断言することはできない。物理学のようなもっとも厳密な科学原理においてさえも、中立的な観測にもとづく用語はないということが今では定説である。すべての用語には理論がからんでいる。

ＨＹＶのカテゴリーも同じように、中立的な観測にもとづく概念ではない。その意味と尺度は、緑の革命の理論と枠組みによって決められている。そして多くの理由から、この意味を安易にストレートに解釈して、土着の農業システムにおける農業の概念と比較することはできない。ＨＹＶのカテゴリーは本質的には還元主義的なカテゴリーであり、土着の品種と新しい品種のどちらからも、その状況的な特性を取り払ってしまうような脱文脈化（decontextualisation）をはかる還元主義的なカテゴリーである。脱文脈化のプロセスを通じて、コストとその影響が外部化されてしまうので、代替手段の体系的な比較ができなくなる。

一般に、作物栽培システムは、土壌、水、植物の遺伝資源の相互作用を含んでいる。たとえば、土着の農業においては、作物栽培システムのなかに、土壌、水、家畜、植物の共生的な関係がある。緑の革命の農業はこのような農場レベルでの統合のかわりに、種子と農薬などの投入物を統合しようとする。種子と農薬の一括計画は、特有の土壌と水系の相互作用をつくりだすが、しかし、この相互作用は収量の評価では考慮されていない。

ＨＹＶのような現代の植物育種の概念は、農業システムを個々の作物や作物の一部に還元する（図1）。そして、ひとつのシステムを構成する作物を、別のシステムを構成する作物によって測定する。緑の革命の戦略は、農場を構成している単一の作物の生産高を増やすことをめざしており、他の作物を減らし、外部の投入物を増やすという犠牲を払っているので、部分的に比較すれば当然、

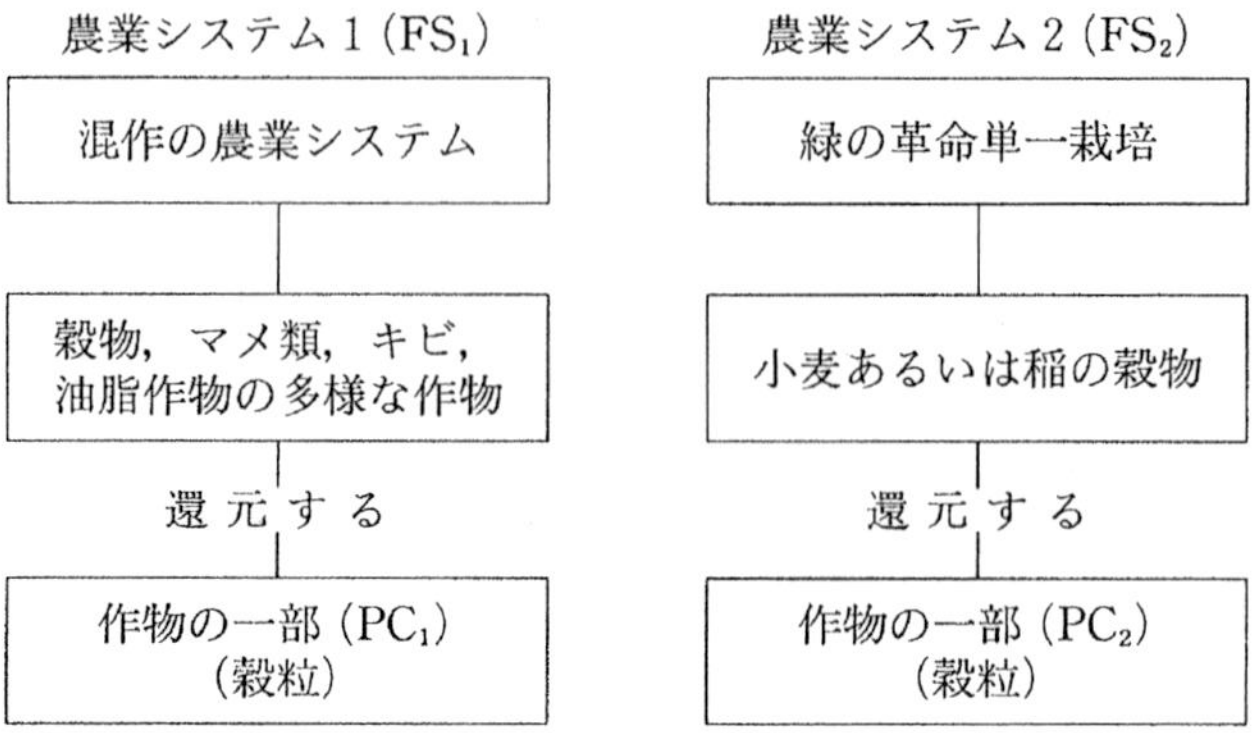

- 科学的に比較するには，それにともなうインプットとアウトプットをすべて含めて，2つの農業システム (FS_1 と FS_2) を比較すべきである．
- FS_2 でエコロジカルな評価を排除しないなら，この比較となる．
- 緑の革命の戦略では，PC_1 と PC_2 とで虚偽の比較をする．
- したがって，$PC_2 > PC_1$ であるけれども，一般的には $FS_1 > FS_2$ である．

図1　緑の革命の不公平な比較

新しい品種のほうが「高収量」になるという偏向があるが、農業システム全体を比較すれば、逆の場合もありうる。伝統的な農業システムは混作や輪作をベースにしており、穀類、マメ類、油脂作物をそれぞれ多種類にわたって栽培しているが、緑の革命の包括的計画は、遺伝的に均一の単一栽培をベースにしている。混作や輪作システムにおける多様な作物生産の収量については現実的な評価が行なわれていない。たいていは、小麦やトウモロコシなどの一つの作物の収量をとり出して、新種の収量と比較する。たとえすべての作物の収量を含めたとしても、マメ類の単位をたとえば小麦の単位に換算することは困難である。というのは、食事や生態系において、それらは異なる働きをもっているからである。マメ類のタンパク質と穀類のカロリーはどちらもバランスのとれた食事には必須であ

表 2-1　食糧作物の栄養成分（食用部分 100g 当たりの栄養価）

品　目	タンパク質 (g)	ミネラル (100g)	カルシウム (mg)	鉄　分 (100g)
バジラ	11.6	2.3	42	5.0
ラ　ギ	7.3	2.7	344	6.4
ジョワール	10.4	1.6	25	5.8
小　麦	11.8	0.6	23	2.5
米	6.8	0.6	10	3.1
ベンガル・グラム	17.1	3.6	202	10.2
ヤエナリ	24.0	3.5	124	7.3
ラジマ	22.9	3.2	260	5.8

資料：国立栄養研究所，ハイデラバード，インド．

るが、その働きが違うので、表2-1に示すように、他のものと交換することはできない。同様に、マメ類の窒素を固定する能力は、関連する穀物の収量に目には見えないがエコロジカルな貢献をしている。したがって、土着の品種にもとづく複雑で多様な作物栽培システムは、HYV種子の単純化された単一栽培とは簡単には比較できない。そのような比較をする場合には、システム全体を比較しなければならず、農場システムの一部分の比較に還元することができない。伝統的な農業システムにおいては、生産ということのなかに、生産性を保つ条件を維持することが含まれていた。

緑の革命の枠組みで収量と生産性を測定する場合、収量増加のプロセスが、農業の生産条件を維持するプロセスに及ぼす影響をまったく考慮しない。こうした還元主義的なカテゴリーの収量や生産性であれば、収量の測定値は高くなるであろうが、それらが将来の収量に及ぼすエコロジカルな破壊が測定されていない。この二つのシステムが投入物という条件ではどれほど異なっているかということを認識していない

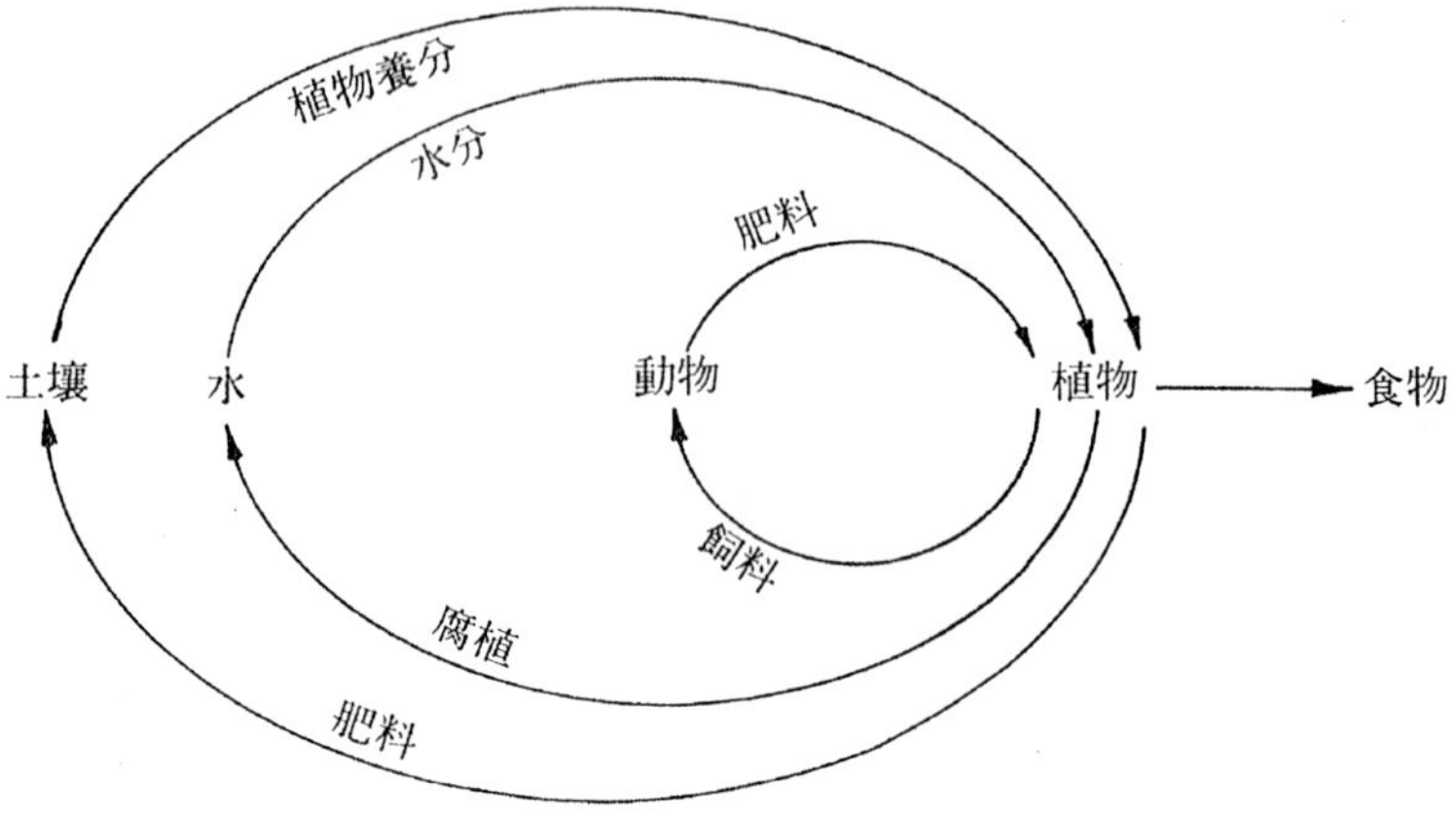

図2　内部投入物による農業システム

（図2）。土着の作物栽培システムは、国内の有機投入物のみをベースにしている。種子は農場からとれるし、地力も農場でつくり、病虫害管理は作物の混作システムに組み込まれている。緑の革命の包括計画では、収量は、種子、化学肥料、殺虫剤、石油、集約的で正確な灌漑と密接につながっている。高収量は種子に固有のものではなくて、必要な投入物を利用できるかどうかによって決定され、その投入物は生態系に破壊的な影響を与えるのである（図3）。

高収量品種の神話

パーマー博士が、国連社会開発調査研究所（UNRISD）の一五カ国種子影響調査のなかで結論づけているように、「高収量品種」という用語は、新しい種子それ自体が高収量というわけではないのだから、名称が誤っている。この種子の際立った特徴はむしろ、肥料や灌漑などのある種の重要な投入物に対する反応が大きいこと

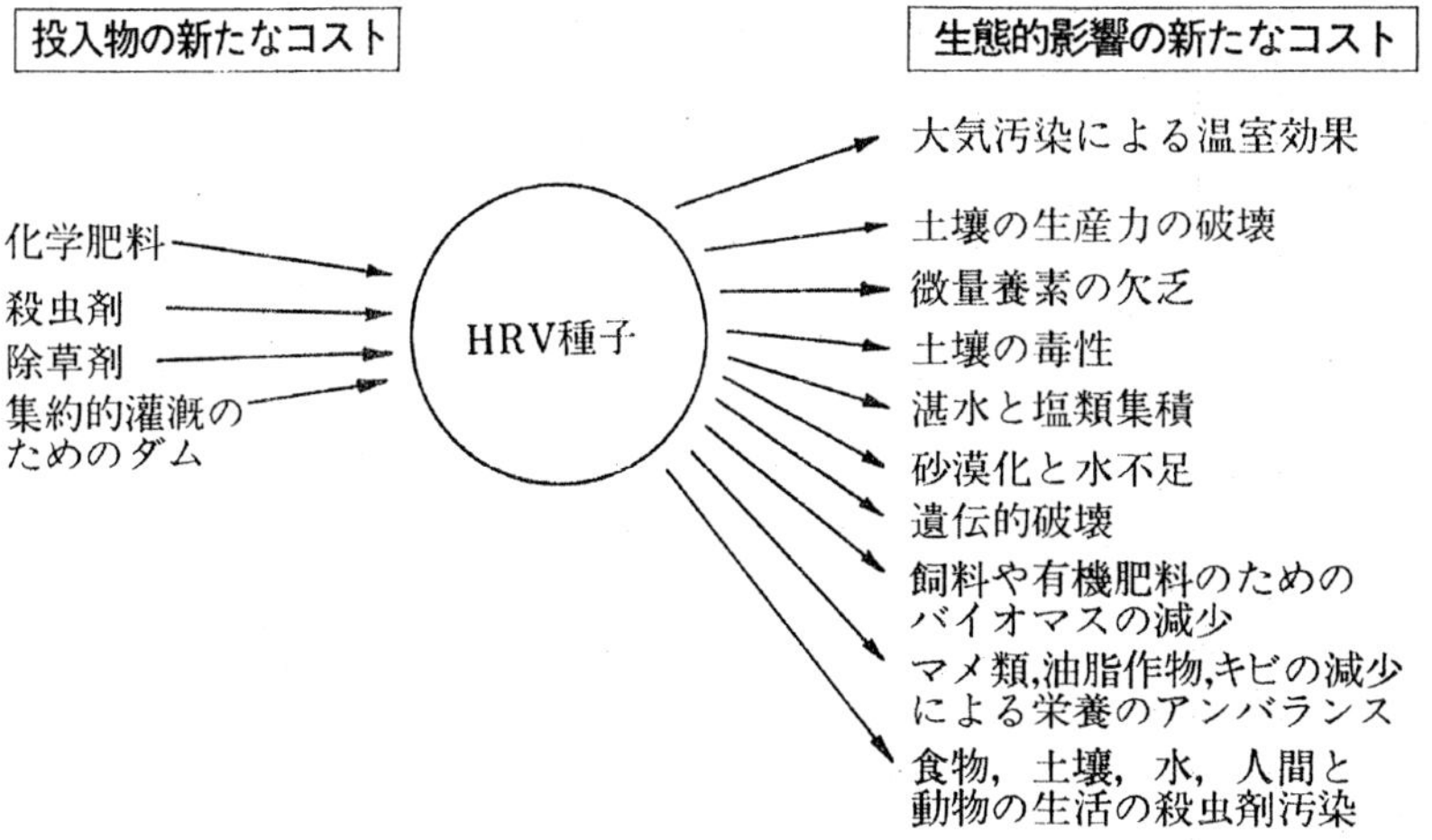

図3　外部投入物による農業システム

である。したがって、パーマーは「高収量品種」（HYV）のかわりに「高反応品種」（HRV）という用語を提案した。[6] 肥料や灌漑などの投入物を加えない場合は、新しい種子は土着の品種よりも成績が悪かった。投入物を加えた場合でも、その生産増は、投入物の増加にくらべると取るに足りないものである。生産高の測定も、市場性のある作物に限定するので、偏向している。インドのような国では、作物は伝統的に人間の食用のみならず、動物の飼料や土壌の有機肥料をつくるために育種し、栽培されてきた。

　農業の第一級の権威であるA・K・イェグナ・ナーラーヤン・アイヤルによると、「ワラは牛の重要な飼料であり、多くの地域で現実に唯一の飼料であるので、エーカー当たりのワラの量はこの国では重要である。穀粒の収量が多い品種のなかには、ワラの収量が少ないという欠点をもつもの

表 2-2　稲の品種別穀粒とワラの生産量　（単位：ポンド/エーカー）

品　種　名	穀　粒	ワ　ラ
Chintamani sanna	1,663	3,333
Budume	1,820	2,430
Halubbalu	1,700	2,740
Gidda Byra	1,595	2,850
Chandragutti	2,424	3,580
Putta Bhatta	1,695	3,120
Kavada Bhatta	2,150	2,940
Garike Sanna	2,065	2,300
Alur sanna	1,220	3,580
Bangarkaddi	1,420	1,760
Banku（雨季 1925-26）	1,540	1,700
G.E,B, -Do-	1,900	1,540

がある」[7]。彼はヘバル農場の収量を使って、穀粒対ワラの比率を稲の品種別で図示した（表2-2）。

緑の革命のもとでは、肥料と水を持続不可能な形で消費することによって、植物のバイオマスの複数の用途を意図的に犠牲にして、ひとつの用途のみに当てている。市場性のある穀粒の生産高を上げるために、動物や土壌のためのバイオマスを減らし、資源の過剰使用によって生態系の生産性を下げるという犠牲を払っている。市場のための穀粒の生産増加は、農場での内部使用に当てるバイオマスを少なくすることによって達成された。

このことはスワミナタンの文章で明白である。

「高収量品種の小麦と稲が大きな収量をあげることができるのは、在来種よりも大量の養分と水を効率的に取り込むことができるからである。在来種は養分の多い土壌で栽培すると倒伏する傾向があった。したがって高収量品種は人間にとって都合のよい『収穫指標』(すなわち、生物収量に対する経済収量の比率)をもっている。つまり、高収量品種と丈の高い在来種の小麦がともに、一定の条件のもとで、乾燥重量一〇〇〇キロを生産する場合、高収量品種はこのうちの五〇〇キロが穀粒に、五〇〇キロがワラになる。一方、丈の高い在来種は、穀粒が三〇〇キロ、ワラが七〇〇キロとなる[8]」。

ワラ生産のためのバイオマスの減少は、おそらく重大な犠牲というふうには考えられなかっただろう。なぜなら化学肥料は有機肥料の完璧な代用物となり、機械は家畜の動力の代用になると考えられていたからである。

ある著者は次のように述べている。

「緑の革命タイプの技術的変革は、穀粒と葉の比率を変えることによって、穀粒の収量を増やすことができると考えられている……。穀粒の生産増加が緊急に必要とされる時には、個々の植物の生産物の混合率を変えるための技術的なアプローチは適切であろうし、不可避でさえある。これは生存のための一つの技術的変革と考えられる。この方法はこれまでよりも多くの資源を使うことになるが、それから得るものは(少なくはならないにしても)おそらくは変わらないだろう[9]」。

したがって、全体的な植物のバイオマスという観点からみると、緑の革命の品種は、作物の全体的な収量を減らすことさえもあり得るし、飼料のような生産物は不足することもある。そして、必要な投入物が与えられれば、在来品種のほうが収量が多くなるという証拠も次々と出てきている。リチャリアは、農民が何世紀にもわたって高収量の品種を育種してきたことを認めさせるのに大きな貢献をした。

リチャリアはこう報告している。

「最近の品種別作付調査では、ウッタル・プラデシュ州で栽培している全品種のほぼ九％が高収量タイプのカテゴリーに入ることがわかった（一ヘクタール当たり三七〇五キロ以上）」。「ある農民が『バスタールのモクド』という稲の品種を植え付け、彼なりの栽培方法で、一ヘクタール当たり三七〇〇キロから四七〇〇キロのもみ米を収穫した。ダムタリ区（ライプル）の別の栽培者は一ヘクタールの稲田しかもっておらず、例外的な農民のカテゴリーにさえ入らないが、有名な芳香性のチナール種から一ヘクタールでほとんど毎年四四〇〇キロのもみ米を収穫しており、畜糞を使い、時々これに少量の窒素肥料を補っていると私に語った。ファラスガオン区（バスタール）の低地では、倒伏しない丈の高いスルジャ種は、しっかりとした穀粒とほのかな香りをもつ稲で、少ない肥料でジャヤ種に匹敵する収量をあげることができると地元の栽培者は最近私に語っており、スルジャ種の作物を私に見せてくれた」。

「一九七五年一一月中頃にバスタール地域を訪問したが、折から稲の刈り入れの真っ最中であり、ジュガルプル区のディコンガ村に住む先住民族であるバートラ部族のバルデオという栽培者の田では、アッサム・チューディ種が収穫目前の状態となっており、彼は作物コンテストに応募していた。この栽培者はヘクタール当たり約五〇キロの肥料を使っており、他には植物の保護対策はしていなかった。彼は一ヘクタール当たり五〇〇〇キロの収量があると見積もっていた。こうした例は、米の生産を増加するために中間的な技術を応用した良い例である。これらの農民が得た収量は、高収量品種の最低基準を超えており、こうした栽培方法は十分に注目に値する(10)」。

インドはいわゆる「ヴァヴィロフ・センター」（遺伝的多様性に富む中心地のことで、ソ連の植物学者N・I・ヴァヴィロフの名前に因んでつけられた—訳注）であり、すなわち、稲の遺伝的多様性の中心地である。この驚くべき多様な品種から、インドの農民や部族は多くの高収量の在来種を選び、改良してきた。南インドのデカン高原の半乾燥地では、ため池や井戸の灌漑によって収量が一ヘクタール当たり最高五〇〇〇キロにまで達した。集約的に肥料を与えればもっと収量は増えたであろう。

イエグナ・ナーラーヤン・アイヤルは次のように報告している。

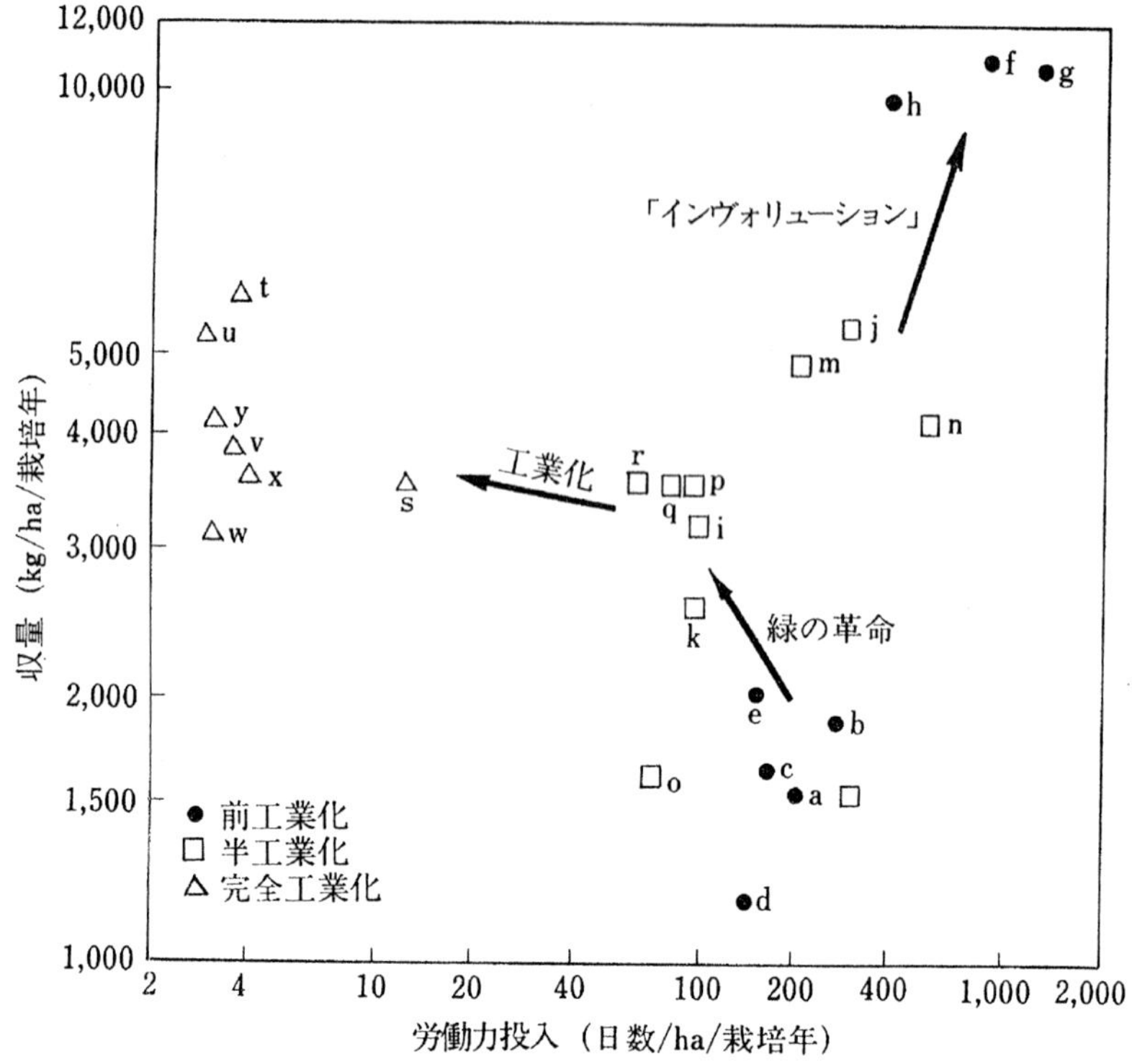

資料：Bayliss-Smith, 1980.

図4　稲栽培システムにおける労働力投入と収量の関係

「インドでまれにみるような、信じがたいほどの高収量のもみ米を収穫することが可能であることが、中央政府主催で全州で行なわれた作物コンテストの結果によって立証された。この作物コンテストにおける最低の収量でさえも、西ベンガルで一エーカー当たり五三〇〇ポンド、六二〇〇ポンド、ティルネルヴェリーで六一〇〇、七九五〇、八二五八ポンド、南アルコットで一ヘクタール当たり六三六八と七六六六キロ、クールグで一エーカー当たり一万一〇〇〇ポンド、サーレムで一エーカー当たりで一万二〇〇〇ポンドであった[11]」。

緑の革命の戦略は、食糧を増産するための唯一利用可能な戦略であるということがよく言われてきた。国際機関や第三世界の政府は他にオプションをもたないと、我々は聞かされてきた。緑の革命のオプションの必然性は、食糧増産のための別の道を排除することの上に築かれているが、混作システムの改良、土着の種子の改良、地元資源の有効利用の改善などのような別の道のほうがエコロジカルである。ギアツはこれを農業の「インヴォリューション（involution）」の有機的強化プロセスとよんでいる[12]。緑の革命の化学的強化戦略と対照的に、「インヴォリューション」は持続可能性を保ちながら高収量を達成するものであり、持続可能性を犠牲にした高収量ではない。この持続可能性はたんなる持続可能な生産にとどまらず、持続可能な暮らしをも含めていることを認識するなら、この「インヴォリューション」は人口集中地域で利用できる労働力を活用する政策としては、緑の革命の政策、つまり工業的農業政策よりも、効率的な政策であった。

二二の稲栽培システムを比較した研究によれば、土着のシステムのほうが、収量という点でも、労働力の使用とエネルギー使用という点からも、効率的であった（図4）。

遺伝的均一性と新たな病虫害の発生

高度な育種戦略は、緑の革命よりもはるか前から農業社会において行なわれていた。ダン・モーガンは世界の穀物取引についての研究で、次のように報告している。

「英領インドの農民は知らないうちに、北米の繁栄に大きな貢献をしていた。インドの農民はモンスーンとモンスーンの間にすばやく実るような小麦を辛抱強く開発した。これらの貧しい農民が開発した種子を使って、マーキス小麦がプレーリーの北部の短い成育期に合せて改良され、カナダの優良穀物となった[13]」。

多様性はこうした育種戦略の中心原理であった。多様性は生態的な安定性に貢献し、したがって生態系の生産性にも貢献した。生態系における多様性が弱まり、均一性が強まれば、生態系は不安定、衰弱、崩壊の危険にさらされやすくなる。

緑の革命の包括的計画は、二つのレベルで遺伝的多様性を排除することを土台にしていた。まず第一に、小麦、トウモロコシ、キビ、マメ類、油脂作物などのような多様な作物の混作や輪作のかわりに、小麦や稲の単一栽培を持ち込んだ。第二に、大規模に単一栽培するため導入された小麦と稲の品種は、在来種の小麦や稲の個体群にみられる大きな遺伝的多様性にくらべると、きわめて狭い遺伝的基盤から選ばれている。「HYV」種子が土着の再生システムに取ってかわった時に、多様性は永久に失われる。多様性を破壊して、均一性をつくりだすと同時に、安定性が損なわれて、脆弱性が生まれる。

インドの他の地域もそうであるが、パンジャブの土着農業は多様性を基盤にしている。非食用作物のなかでも、インジゴ、サトウキビ、綿、麻、アサフェイチダ、油脂作物が栽培されていた。園芸作物には、バンジロウ、ナツメヤシ、マンゴー、ライム、レモン、モモ、アプリコット、イチジク、ザクロ、プラム、オレンジ、クワ、ブドウ、アーモンド、メロン、リンゴ、マメ、キュウリ、ニンジン、カブなどがあった。作物を栽培していない土地には、ナツメヤシ、ワイルド・パーム、ヤナギ、アカシア、シッソノキ、バイア・アップルが一面に生えていた。

キビは「マイナー・セリアル」とよばれており（キビの種類が多いからであって、つまらない作物だという理由ではない）、パンジャブでもっとも広い耕作面積を占めていた。「クトキ」、小さなキビ、「ジャワール」、「マンダル」あるいは「チャロドラ」、「バジラ」、イネ科チカラシバ属のキビはパンジャブで栽培されている主要なキビで、この地域の四三%を占める。それに加え、「シャーマ」、センチラス・イカイナス、ペニセタム・センチロイデスなどのような栽培されていない野生種のキビがあった。これらに加えて、もっとよく知られている穀物「マッキ」つまりトウモロコシ

表 2-3　稲栽培の前工業化，半工業化，完全工業化システム

ヘクタール・年当たりのインプットとアウトプット

場所	化石燃料インプット	労働力作物当たり（日数）	労働力総インプットへの割合	総インプット（GJ）	総アウトプット（GJ）
前工業化					
Dayak, サラワク(1951)	2%	208	44%	0.30	2.4
Dayak, サラワク（1951)	2%	271	51%	0.63	5.7
Kilombero, タンザニア（1967)	2%	170	39%	0.42	3.8
Kilombero, タンザニア（1967)	3%	144	35%	1.44	9.9
Iban, サラワク(1951)	3%	148	36%	0.27	3.1
Luts'un, 雲南（1938)	3%	882	70%	8.04	166.9
Yits'un, 雲南（1938)	2%	1,293	78%	10.66	163.3
Yuts'un, 雲南（1938)	4%	426	53%	5.12	149.3
半工業化					
Mandya, カルナータカ（1955)	23%	309	46%	3.33	23.8
Mandya, カルナータカ（1975)	74%	317	16%	16.73	80.0
フィリピン（1972)	86%	102	5.3%	12.37	39.9
フィリピン（1972)	89%	102	4.1%	16.01	51.6
日　本（1963)	90%	216	5.2%	30.04	73.7
香　港（1971)	83%	566	12%	31.27	64.8
フィリピン（1965)	93%	72	13%	3.61	25.0
フィリピン（1979)	33%	92	16%	5.48	52.9
フィリピン（1979)	80%	84	11%	6.90	52.9
フィリピン（1979)	86%	68	7%	8.72	52.9

完全工業化					
スリナム（1972）	95%	12.6	0.2%	45.9	53.7
米　国（1974）	95%	3.8	0.02%	70.2	88.2
サクラメント，カリフォルニア（1977）	95%	3.0	0.04%	45.9	80.5
グランド・プレーリー，アーカンソー（1977）	95%	3.7	0.04%	52.5	58.6
南西ルイジアナ（1977）	95%	3.1	0.04%	48.0	50.8
ミシシッピー，デルタ（1977）	95%	3.9	0.05%	53.8	55.4
テキサス・ガルフ，コースト（1977）	95%	3.1	0.04%	55.1	74.7

訳注：GJはエネルギー単位のギガ・ジュール.

と小麦があった。キビにきわめて近いが、それほど知られていない作物であるアマランサスは、パンジャブに多種類が存在しており、「シル」あるいは「マワル」は栽培種と野生種の両方が育っていた。「ガウハール」、「サワル・シル」、ブハブリ、サヴァラナ、バツ、チャウレイは、ありふれたアマランサスを指すいろいろな呼び名である。緑色野菜として使われている重要な作物はバツアであった。パンジャブのマメ類には「モス・サファイド」、「チャンナ」あるいはヒヨコマメ、「ブファット」、「ウルド」と「マッシュ」、「ロビヤ」、「ラワン」、「カラット」、「カールナブ・ミブチ」などがある。油脂作物には「ティル」すなわちゴマ、グラウンドナッツ、「アルシ」すなわち亜麻仁、「サルソン」すなわちカラシがある。穀類、マメ類、油脂作物は、さまざまな混作あるいは輪作で栽培された[14]。

パンジャブで緑の革命が行なわれた結果、森林や牧場などの共有地に農作物が栽培されるようになった。緑の革命が広がるにつれて、地元の共同体の管理が続かなくなり、牧場や森林が単一栽培のために崩壊した。今日では、五〇三万ヘクタールのうちの四二一ヘクタールが、つまりパンジャブの面積の八四%が耕作されているが、インド全体ではわずか四二%である。今ではパンジャブのわずか四%のみが「森林」で、しかもそのほとんどがユーカリを植林したプランテーションである[15](図5)。

限界地や耕地が同質化しているので、多様性が消失する。パンジャブの遺伝的多様性は、さらに二つのレベルで緑の革命によって破壊されてきた。ひとつは小麦、バジラ、ジョワール、大麦、マメ類、油脂作物の混作や輪作を、小麦と稲の多毛作にしたこと、第二に、小麦と稲を、さまざまな土壌、水、気象条件に合った多様な在来種のかわりに、CIMMYTやIRRIの矮性外来種から単一品種を選んで、単一栽培へと転換したことによってである。

一九六六年・六七年と一九八五年・八六年の間に、パンジャブの耕作面積は五一七・一万ヘクタールから七一七・六万ヘクタールに増えて、作付集約度は一三三・一%から一七〇%に増えた。穀物の栽培面積は五一%から七二〜八〇%に増え、マスール、アルハール、ムーング、ベンガル・グラムなどのマメ類の栽培面積は一三・三八%から三・四八%に減った。マメ類の栽培面積がもっとも低下したのは、グラム作物のケースにみられ、全作付面積の割合は一九六六・六七年の基準年の一

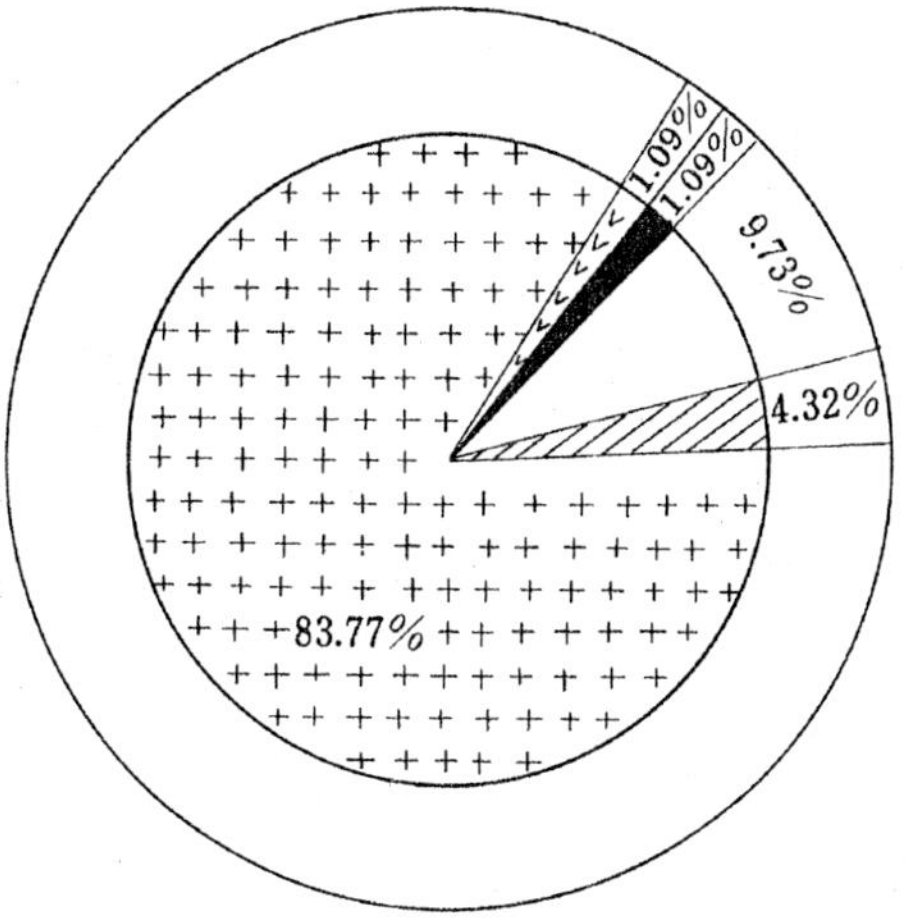

休耕地を除く未耕作地
耕作に利用できない土地
休耕地
森林
純作付面積

資料：パンジャブの統計概要.

図5　土地利用（パンジャブ州，1978-79）

二・二六％から、一九八五・八六年にはわずか一・三九％に低下した。セイヨウアブラナやカラシなどのような油脂作物やグラウンドナッツの栽培面積は、一九六六・六七年の六・二四％から、一九八五・八六年には二・九三％に減った。したがって、作付パターンはラビー（冬作または乾季作）の季節には小麦に大きく移行し、カリーフ（夏作または雨季作）の季節では稲作に大きく傾いた。小麦はグラム、大麦、セイヨウアブラナ、カラシを犠牲にして広がったが、これらのものはこれまで、小麦の在来種と混作にするため種をまいたものであった。同じように、稲作面積は、トウモロコシ、ムーングやマスールなどのカリーフのマメ類、グラウンドナッツ、飼料、綿を犠牲にして増えた。小麦と米の単作栽培は、ボーローグの小麦やＩＲＲＩの稲など狭い遺伝的基盤から選ばれていた。

大量の肥料や水を消費する「大食いの品種」の種子をつくるという中央集権的な戦略は、均一化のニーズや多様性の破壊と結びついた。均一性は、種子を中央で生産するという観点からも、水や肥料などのような投入物を中央で供給するという観点からも必須となった。

ボーローグと弟子の「小麦使徒」を通じて、ＣＩＭＭＹＴから世界に広がった小麦の種子は、日本の「ノーリン」小麦を使って九年間にわたって実験を重ねてきた成果であった。一九三五年に日本で発表された「ノーリン」は「ダルマ」とよばれる日本の矮性小麦と、日本政府が一八八七年にアメリカから輸入した「フルツ」とよばれる小麦の雑種である。ノーリン小麦は、日本に米軍顧問としてやってきた農学者のＤ・Ｃ・サーモン博士が一九四六年にアメリカに持ち帰り、それをアメリカ農務省の科学者のオービル・ヴォーゲル博士が「ベヴォア」とよばれるアメリカ品種の種子とかけあわせた。ヴォーゲルはそれを一九五〇年代にメキシコに送り、ロックフェラー財団のスタッフであったボーローグが使って、有名なメキシコの品種を開発したのである。ボーローグがつくった多数の矮性種子のうち、三種類だけが「緑の革命」の小麦作物としてつくられ、全世界に広がった。この外来の狭い遺伝的基盤の上に、何百万人もの食糧供給が危なげに寄りかかっているのである。

全インド小麦改良プロジェクトは一九六四・六五年に始まったが、その前年の一九六三年にボーローグがインドを訪問しており、それがきっかけで、一五〇種の矮性種がメキシコから一万八〇〇〇トン輸入された。パンジャブ農業大学の科学者は輸入種子から二系統を選び、一九六四年の五月から九月にかけてラーホール・スピティ渓谷で繁殖させた。雑種のPV18（Panjino Sb Gabo-55）は、増殖させた矮性品種の最初のものであった。一九六八年に、ほかに二種の矮性品種、カルヤンソナとソナリカがつくられた。一九七七・七八年には、一〇万トンの小麦の保証種子が生産のために取っておかれた。このうち六万五〇〇〇トンがソナリカで、三万トンがカルヤンソナ種であった。カルヤンソナはメキシコの雑種（Fn-K58 New Thatcher x Norin 10-Brever）とガボをかけあわせたものであった。ソナリカはメキシコの雑種（II-54-388-ANX Yt. 50 x N10VLR III 8427）からつくられたものであった。[16] ジルは、メキシコの矮性小麦品種が、パンジャブ農民が目にした最初の小麦の改良品種であるという誤った考えを正そうとした。[17] 一九五二年に、ルディアーナの小麦は灌漑された環境で、一ヘクタール当たり五九〇〇キロを産出した。アルフレッド・ハワードはプサの帝国研究所に滞在中に、地元の専門知識を使って、今世紀初めの二〇年までに改良小麦を生産した。第一次世界大戦までには、一〇〇万エーカー以上にプサの小麦が植え付けられた。第二次世界大戦が終わるまでに、二八〇万ヘクタール以上に改良品種が植え付けられ、このなかには、一九一三年に育種されたタイプIIや、一九一九年に地元の農民や科学者が育種したタイプ8Aも含まれていた。一九三〇年代には、ライヤルプルの農業大学や研究所でラム・ダーン・シング博士が

付面積　1966-67 から 1985-86 年　（単位：千 ha）

マメ類カラシ	食　料	セイヨウアブラナと油脂作物	グラウンドナッツ	合　計	サトウキビ	ジャガイモ	綿 Am.+Desi	綿 Am.	作付総面積
692.0 (13.38)	3,326.0 (64.32)	119.0 (2.30)	179.0 (3.46)	323.0 (6.24)	156.0 (3.2)	14.0 (0.27)	435.0 (8.41)	199.0 (3.85)	5,171
597.0 (10.97)	3,542.0 (65.10)	159.0 (12.92)	222.0 (14.08)	399.0 (7.33)	137.0 (2.52)	17.0 (0.31)	419.0 (7.70)	227.0 (4.17)	5,441
411.0 (7.77)	3,597.0 (68.2)	70.0 (1.32)	222.0 (4.20)	307.0 (5.80)	157.0 (2.97)	16.0 (0.30)	392.0 (7.41)	229.0 (4.33)	5,288
433.0 (7.87)	3,781.0 (68.76)	92.0 (1.67)	186.0 (3.38)	294.0 (5.34)	149.0 (2.71)	16.0 (0.29)	409.0 (7.44)	221.0 (4.02)	5,499
414.0 (7.29)	3,928.0 (69.18)	103.0 (1.81)	1,740.0 (3.06)	295.0 (5.19)	128.0 (2.25)	17.0 (0.30)	397.0 (6.99)	212.0 (3.73)	5,678
384.0 (6.71)	3,915.0 (68.40)	128.0 (2.24)	174.0 (3.04)	319.0 (5.57)	103.0 (1.80)	17.0 (0.30)	475.0 (8.30)	246.0 (4.30)	5,724
381.0 (6.42)	4,015.0 (67.70)	172.0 (2.90)	160.0 (2.70)	351.0 (5.92)	102.0 (1.72)	16.0 (0.27)	506.0 (8.53)	235.0 (3.96)	5,931
431.0 (7.14)	4,099.0 (67.90)	179.0 (2.97)	155.0 (2.57)	357.0 (5.91)	110.0 (1.82)	23.0 (0.38)	524.0 (8.66)	301.0 (4.99)	6,037
330.0 (5.55)	3,957.0 (67.02)	179.0 (3.03)	164.0 (2.78)	372.0 (6.30)	123.0 (2.08)	20.0 (0.34)	547.0 (9.26)	342.0 (5.79)	5,904
441.0 (7.05)	4,332.0 (69.26)	122.0 (1.95)	168.0 (2.69)	315.0 (5.04)	114.0 (1.82)	27.0 (0.43)	580.0 (9.27)	365.0 (5.80)	6,255
395.0 (6.28)	4,461.0 (70.98)	67.0 (1.07)	164.0 (2.61)	250.0 (3.98)	113.0 (1.80)	29.0 (0.46)	555.0 (8.83)	375.0 (5.97)	6,285
402.0 (6.29)	4,479.0 (70.09)	128.0 (2.0)	156.0 (2.44)	287.0 (4.49)	115.0 (1.80)	37.0 (0.58)	609.0 (9.63)	440.0 (6.89)	6,390
410.0 (6.18)	4,775.0 (71.72)	83.0 (1.25)	129.0 (1.95)	230.0 (3.47)	108.0 (1.63)	53.0 (0.80)	631.0 (9.52)	470.0 (7.09)	6,630
290.0 (4.44)	4,762.0 (72.87)	88.0 (1.35)	91.0 (1.39)	199.0 (3.05)	77.0 (1.18)	41.0 (0.63)	630.0 (9.64)	460.0 (7.04)	6,535
341.0 (5.04)	4,854.0 (71.77)	146.0 (2.16)	83.0 (1.23)	238.0 (3.52)	71.0 (1.05)	40.0 (0.59)	649.0 (9.60)	502.0 (7.42)	6,763
325.0 (4.69)	4,999.0 (72.15)	110.0 (1.59)	92.0 (1.33)	225.0 (3.25)	104.0 (1.50)	36.0 (0.48)	686.0 (9.90)	546.0 (7.88)	6,929
207.0 (2.99)	5,015.0 (72.52)	85.0 (1.23)	78.0 (1.13)	187.0 (2.70)	103.0 (1.49)	30.0 (0.33)	724.0 (10.47)	583.0 (8.43)	6,915
200.0 (2.9)	5,206.0 (74.6)	78.0 (1.12)	58.0 (0.83)	157.0 (2.20)	84.0 (1.27)	30.0 (0.47)	650.0 (9.3)	556.0 (7.97)	6,978
216.0 (3.17)	5,367.0 (76.5)	131.0 (1.87)	45.0 (0.64)	198.0 (2.87)	84.0 (1.27)	34.0 (0.5)	472.0 (6.7)	410.0 (5.85)	7,013
250.0 (3.48)	5,474.0 (76.8)	150.0 (2.09)	46.0 (0.64)	210.0 (2.93)	95.0 (1.32)	35.0 (0.49)	558.0 (7.78)	471.0 (6.56)	7,169

るパーセンテージを示す．Am. はアメリカ品種，Desi. は土着種を指す．

表 2-4　パンジャブにおける各種作物の作

年	小 麦	稲	トウモロコシ	穀 類	グラム	アーハール	マッシュ	ムーング
1966-67	1,608.0 (31.09)	285.0 (5.50)	444.0 (8.59)	2,634.0 (51.0)	634.0 (12.26)	1.0 (0.02)	22.0 (0.43)	3.0 (0.06)
1967-68	1,790.0 (32.89)	314.0 (5.77)	476.0 (8.75)	2,945.0 (54.13)	530.0 (9.74)	1.0 (0.02)	29.0 (0.53)	4.0 (0.07)
1968-69	2,063.0 (38.50)	345.0 (6.52)	490.0 (9.27)	3,186.0 (60.25)	348.0 (6.58)	1.0 (0.02)	29.0 (0.53)	4.0 (0.08)
1969-70	2,166.0 (39.38)	359.0 (6.52)	534.0 (9.71)	3,348.0 (60.88)	380.0 (6.91)	2.0 (0.04)	24.0 (0.44)	3.0 (0.05)
1970-71	2,299.0 (40.48)	390.0 (6.86)	555.0 (9.77)	3,514.0 (61.89)	358.0 (6.31)	3.0 (0.05)	26.0 (0.46)	7.0 (0.12)
1971-72	2,336.0 (40.81)	450.0 (7.85)	548.0 (9.57)	3,531.0 (61.69)	335.0 (5.85)	2.0 (0.03)	23.0 (0.40)	3.0 (0.05)
1972-73	2,404.0 (40.53)	476.0 (8.02)	562.0 (9.48)	3,634.0 (61.27)	319.0 (5.38)	2.00 (0.03)	31.0 (0.52)	5.0 (0.08)
1973-74	2,338.0 (38.72)	499.0 (8.26)	567.0 (9.39)	3,668.0 (60.76)	352.0 (5.83)	5.0 (0.08)	39.0 (0.65)	10.0 (0.17)
1974-75	2,207.0 (37.38)	569.0 (9.63)	522.0 (8.84)	3,627.0 (61.43)	266.0 (4.51)	3.0 (0.05)	27.0 (0.46)	6.0 (0.10)
1975-76	2,439.0 (38.99)	567.0 (9.06)	577.0 (9.22)	3,891.0 (62.21)	381.0 (6.09)	6.0 (0.10)	24.0 (0.38)	5.0 (0.08)
1976-77	2,630.0 (41.84)	680.0 (10.81)	536.0 (8.53)	4,066.0 (64.69)	352.0 (5.55)	4.03 (0.06)	18.0 (0.29)	4.0 (0.06)
1977-78	2,620.0 (41.0)	856.0 (13.39)	445.0 (6.96)	4,077.0 (63.80)	352.0 (5.52)	5.0 (0.08)	19.0 (0.30)	4.0 (0.10)
1978-79	2,738.0 (41.29)	1,053.0 (15.88)	424.0 (6.40)	4,345.0 (65.54)	350.0 (5.29)	18.0 (0.12)	22.0 (0.33)	3.00 (0.05)
1979-80	2,813.0 (43.04)	1,172.0 (17.93)	393.0 (6.01)	4,472.0 (68.43)	236.0 (3.61)	13.0 (0.26)	20.0 (0.31)	5.0 (0.08)
1980-81	2,812.0 (41.57)	1,183.0 (17.49)	382.0 (5.65)	4,513.0 (66.73)	258.0 (3.81)	18.0 (0.27)	21.0 (0.31)	14.0 (0.20)
1981-82	2,914.0 (42.05)	1,269.0 (18.31)	340.0 (4.91)	4,674.0 (67.46)	243.0 (3.51)	13.0 (0.19)	18.0 (0.26)	25.0 (0.36)
1982-83	3,051.0 (44.12)	1,322.0 (19.11)	308.0 (4.45)	4,808.0 (69.53)	124.0 (1.79)	18.0 (0.26)	16.0 (0.23)	29.0 (0.42)
1983-84	3,123.0 (44.75)	1,482.0 (21.23)	293.0 (4.20)	5,006.0 (71.7)	96.0 (1.38)	40.0 (0.57)	14.0 (0.20)	33.0 (0.47)
1984-85	3,096.0 (44.15)	1,644.0 (23.44)	304.0 (4.33)	5,151.0 (73.4)	104.0 (1.48)	42.0 (0.60)	12.0 (0.17)	34.0 (0.48)
1985-86	3,150.0 (43.90)	1,703.0 (23.73)	260.0 (3.62)	5,224.0 (72.8)	100.0 (1.39)	40.0 (0.56)	13.0 (0.18)	45.0 (0.63)

*1985-86 年の作付面積には，果物，野菜，飼料を含む．カッコ内の数字は総作付面積に対す
資料：パンジャブ統計概要，農業局の公式データ．パンジャブ．

C518とC519を育種して、大きな影響を与えた。一九六五年にパンジャブ農業大学が丈の高い高収性の小麦品種C306を発表した。この品種は一ヘクタール当たり三二九一キロの平均収量で、水や肥料の使用量の単位当たりの収量を測ったところでは、ボーローグの小麦の品種よりも収量が多かった。

小麦の外来種を大規模に単一栽培したことによって、カーナル・ブントのような小さな病気を流行病にしてしまった。葉枯病や裸黒穂病も小麦の病気である。高収量の小麦の品種であるPV18、カルヤン227、ソナラ64、リーマ・ロジョは、アルターナリア葉枯病やグルーム・ブロッチ、アルターナリア菌やゴマハガレ病菌によって引き起こされる根腐れ病や苗枯病にきわめて弱い。地元の生態系とともに進化してきた在来種の高収量品種とは違って、緑の革命のHYVは頻繁に補充しなければならなかった。再生可能な資源である種子が、再生できない資源に転化し、どの品種も病虫害にやられてしまうまでの一年か二年しか使うことができない。廃退が持続可能性に取ってかわった。高収量品種の作物についてのテキストも認めているとおり、「高収量品種や交雑種の田畑での命は三年から五年である。それ以上になると、新しい種類や生物型の病虫害にかかりやすくなる」。

単一栽培や狭い遺伝的基盤のために稲が新しい病虫害にかかりやすいということは、きわめて深刻な事態である。一九六六年に、IRRIはIR-8という稲の改良種を発表したが、これは「ペータ」とよばれるインドネシアの品種と、DGWGとよばれる台湾の品種の雑種である。IR-8、タイチュン・ネイティブ1（TN1）、その他の品種はインドに持ち込まれて、全インド稲改良調整プロジェクトの土台となり、矮性、非感光性、短期、高収量で、肥沃度の高い条件に適した稲の品種を生みだした。狭い遺伝的基盤の外来種の稲を大規模に広げることは、病虫害を大規模に広げる危険があることがわかっていた。中央稲研究所（CRRI）が出版した「インドの稲研究――概観」は、以下のように要約している。

表 2-5　パンジャブの稲作面積

年	面　積（千 ha）	HYV の作付割合（%）
1965	292	—
1966	282	1.0
1967	314	5.4
1968	345	7.5
1969	359	20.0
1970	390	33.3
1971	450	69.1
1972	479	80.5
1973	498	86.8
1974	569	84.5
1975	567	91.2
1976	680	88.4
1977	856	89.5
1978	1,052	95.1
1979	1,172	91.8
1980	1,177	92.6
1981	1,270	95.1
1982	1,319	94.8
1983	1,481	95.0
1984	1,645	95.0
1985	1,703	95.0

資料：Sidhu.

「高収量品種の導入は、タマバエ、トビイロウンカ、コブノメイガ、ミギワバエなどの害虫の状況を大きく変えた。これまで導入された高収量品種のほとんどは、主要な害虫の被害を受けやすく、作物の損失は三〇%から一〇〇%にのぼった……。HYVのほとんどはTN1あるいはIR-8から由来している品種であるので、DGWGの矮性遺伝子をもっている。狭い遺伝的基盤は驚くほどの均一性をつくりだし、病虫害に対する脆弱性の原因となる。導入された品種のほとんどが、この国の稲の作付面積のおよそ七五%を占めている典型的な丘陵地と低地には適していない[18]」。

一九六五年以前には、稲はパンジャブにおいて重要な作物ではなかった。高収量品種計画によって、パンジャブの稲作面積は激増した。一九六五年には二九万二〇〇〇ヘクタールから二九万二〇〇〇トンを生産していたが、この数字は跳ね上がって、一七〇万三〇〇〇ヘクタールで五四四万八〇〇〇トンを生産するようになった。表2-5は、パンジャブの稲作面積の増加を示している。稲作面積の割合が、一九六六・六七年の五・五%から、一九八五・八六年の二三・七三%に増えた。この面積の九五%は半矮性品種を栽培しており、残りの五%の稲作面積では、バスマチ稲を栽培している。

表2-6は一九六六年以来パンジャブで導入されている半矮性稲の品種である。新種を次々と導入しなければならなかったのは、表2-7で示すような新しい病虫害にかかりやすかったからであ

表2-6　パンジャブに導入された半矮性稲の品種

導入年	品　種	雑　種
1966	Taichung Native 1	DGWG/Tsai Yuan Chung
1968	IR 8	Prta/DGWG
1971	Jaya	T (N) 1/T 141
1972	RP 5-3 (Sona)	GEB 24/TN1
1972	Palman 579	IR 8/Tadukan
1972	RM 95	Jhona 349/T (N) 1 (IrrF 2)
1976	PR 106	IR/Peta 5/Bella Patna
1978	PR 103	IR 8/IR 127-2-2
1982	PR 4141	IR 8/PJI/IR 22
1986	PR 108	Vijaya Ptb 21
1986	PR 109	IR 19660-73-4/ IR 21415-90-4/ IR 5853-162-1-2-3

資料：Sidhu.

る。

IRRIの新品種の稲がアジアに導入されると、かならず病虫害に弱いことが判明した。IR-8は東南アジアでは一九六八・六九年に、シラハガレ病にやられた。一九七〇・七一年には、IR-8はツングロ・ウイルスにやられた。一九七五年には、インドネシアで新種の稲を栽培していた五〇万エーカーが害虫にやられた。一九七七年には、IR-36という、シラハガレ病やツングロ病などの八つの主要な病虫害に耐性をもった品種が開発された。ところが、この品種は「ラギッド・スタント」と「ウィルティド・スタント」とよばれる二種類のウイルスにやられた。

パンジャブでの新品種の実験も同じようにかんばしくなかった。新品種は、新種の害虫と病気をつくりだした。TN1は、一九六六年に導入された最初の矮性品種であったが、シラハガレ病やセジロウンカの被害を受けやすかった。一九六八年に、小球菌核病やゴマハガレ病に耐性があると考えられたIR-8に変えたが、これもまたこの二つの病気に弱いことがわかった。その後、先発の矮性品種が失敗した後に導入されたPR103、PR106、PR108、PR109などの品種は、とりわけ病虫害に耐性をもつように育種された。現在パンジャブの稲作面積の八〇%を占めているPR106は、一九七六年に初めて導入された当時、セジロウンカや小球菌核病に耐性をもつと考えられた。その後、この二つの病気に弱いだけでなく、コブノメイガ、ヒスパ、ニカメイチュウ、その他数種の害虫にも弱いことがわかった[19]。

「奇跡」の品種は多様な在来種を追放し、新しい種子は多様性を侵食することによって、害虫をまねきよせ、強化するようなメカニズムをもつようになった。土着の品種、すなわち在来種は、その地方で発生する病虫害に耐性をもっている。ある病気が発生しても、その系統の一部は被害を受けるかもしれないが、他のものは耐性をもっているので生き残る。輪作は害虫抑制に役立つ。多くの害虫は特定の植物につくものであるから、季節によって、年によって、植え付ける作物を変えれば、害虫の個体数を大幅に減らすことができる。一方、毎年、広大な面積に同じ作物を植えれば、害虫を増やすことになる。このように多様性にもとづいた作付システムは、予防策を組み込んだシステムなのである。

半世紀も前に、ハワードは次のように述べた。

表2-7　パンジャブにおける稲の病虫害発生

年	病虫害の発生形態	稲の品種	被害地区
1967	コブノメイガ	Basmati 370, IR 8	カプールタラー
1972	イネゾウムシ	IR 8, Jaya	パティアーラ
	セジロウンカ	Sabarmati, Ratna, Palman 579, RP 5-3	ルディアーナ
1973	トビイロウンカ	IR 8, Jaya	カプールタラー，パティアーラ，ルディアーナ，ロパール
1975	トビイロウンカ	IR 8, Jaya	グルダースプル，フィーロズプル
	セジロウンカ	IR 8	カプールタラー
1975	シラハガレ病	IR 8, Jaya, PR 106	グルダースプル，アムリッツァル
1978	セジロウンカ	PR 558, PR 559, PR 562	カプールタラー
	鞘枯れ病	IR 8, Jaya, PR 106, PR 103	アムリッツァル，ジャランダル，カプールタラー，パティアーラ
	葉鞘腐敗病	PR 106, IR 8	全稲作地区
1980	シラハガレ病	PR 106, IR 8, Jaya, PR 103, Basmati 370	全稲作地区
	小球菌核病	PR 106, IR 8, Jaya	アムリッツァル，グルダースプル，パティアーラ，カプールタラー，フィーロズプル
1981	セジロウンカ	PR 107, PR 4141	カプールタラー，パティアーラ，フィーロズプル
1982	セジロウンカ	PR 107, PR 4141	パティアーラ，フィーロズプル，カプールタラー
	アザミウマ	HM 95, PR 103	カプールタラー，グルダースプル
	サンカメイチュウ	PR 4141, PR 106	フィーロズプル
1983	トビイロウンカ		
	セジロウンカ	PR 196, PR 4141, Pusa-150, Pusa-169	パティアーラ，フィーロズプル，カプールタラー
	サンカメイチュウ	PR 4141, PR 106, Basmati 370	フィーロズプル
		Punjab Basmati 1	カプールタラー
	アザミウマ	PR 106, Jaya, IR 8 PR 106, PR 414, Punjab Basmati 1	ルディアーナ，カプールタラー 全稲作地区
	ヒスパ	PR 103, PR 106, PR 4141, IR 8, Jaya, Basmati 370, Punjab Basmati 1	カプールタラー，グルダースプル

資料：Sidhu.

「自然は害虫や病原菌を抑止するのに、散布機や毒物散布のようなものをつくりだす必要は決してなかった。ありとあらゆる病気が森の植物や動物のいたるところに見つかることは事実であるが、これらが大きな比率を占めることはない。そこでの原則は、植物や動物は寄生虫のようなものが体内にあることがわかっている時でさえ、自らを十分に保護することができるということである。こうした事柄についての自然の法則は生きるためには生かすということである[20]」。

ハワードは、東洋の耕作者たちは病虫害の防除について西洋の専門家が学ぶべき多くの知識をもっており、西欧の還元主義を「新しい害虫を見つけるたびに、それらを殺す毒物散布を考案する」という暴力的な悪循環から脱却させることができると考えていた。ハワードが一九〇五年にインド政府がまねいた帝国応用植物学者としてプサにやってきた時に、彼はプサの近隣地区で耕作者たちが栽培している作物に害虫がついておらず、殺虫剤も殺菌剤もいらないことを発見した。

「こうした農民たちの農作業を見学し、できるだけ速く彼らの伝統的な知識を手に入れることが一番良いと私は判断した。したがって、しばらくの間、私は彼らを農学教授と見なした。もうひとつの教師グループはむろん害虫と菌類そのものであった。彼らの栽培方法は、それに従うなら、現実に作物を病虫害から解放してくれるものであり、害虫と菌類はその土地に合わない品種や農法を指摘してくれるであろう」[21]。

新しい「教授」である農民と害虫のもとで五年間の教育を終えた時、ハワードは次のことを学んだ。

「……現実に病気にかからない健全な作物を栽培するのには、以下のような助けをまったく必要としない。すなわち、菌類学者、昆虫学者、細菌学者、農化学者、統計学者、情報交換所、化学肥料、噴霧器、殺虫剤、防カビ剤、殺菌剤、その他の近代的な試験所にある高額な装置などの助けは無用である」[22]。

ハワードが世界に持続可能な農法について教えることができたのは、実践している農民や自然そのものからまず学ぶという謙虚さをもっていたからである。それに反して、緑の革命の専門家は「奇跡」の種子と農薬によって、自然を管理し、征服することができると思っていた。新しい種子と農薬は農地のエコロジーを不安定にし、さまざまな形で病虫害を大発生させた。まず第一に有機肥料から化学肥料に変えたことで、病虫害に対する作物の耐性が弱くなった。したがって、肥料の大量使用と病虫害に対する脆弱性はつながっている。新しい品種は肥料を過剰に吸収するため、病気に対して弱くなっていることがわかっている。シドフ[23]は、一ヘクタール当たりゼロから一二キロまで窒素が増えると、ライス・ヒスパの虫害を受けた葉が、一〇盛土当たり六八・七から一七一・一枚に増えたと報告している。同じようにコブノメイガの虫害も、一ヘクタール当たりの窒素がゼロから一五〇キロに増えると、被害を受けた葉は一〇盛土当たり一三・九から四三・三枚に増えた。とくに病気に耐性をもつように育種されている高収量品種の作物でさえも、大量の肥料を使うと、ある種の病気にはきわめてかかりやすくなる。そのような病気にはさび病、マット病、ウドンコ病、ベト病、ウイルス病があり、ふつう多汁の若い組織がやられる。

化学肥料は新しい種子技術の包括計画の必須要素であるので、耐性を弱めて病虫害の被害を受けやすくしている。新品種が狭い遺伝的基盤から開発されていることも、害虫に対する脆弱性の一因となっており、病虫害に対する耐性が作物育種戦略のなかに組み込まれている場合でさえもそうである。作物品種が永久に耐性をもつことができないのは、病虫害が変化するからである。限りがあるどころか、小さくなってさえいる遺伝子プールが接触する害虫は変異によって適応を続けており、変異はたいていは殺虫剤を使うことによって増える。害虫の耐性は生態的な状態であって、工学技術的な状態ではない。シャブーソーが述べているように、「遺伝形質を伝える遺伝子は環境のひとつの機能としてのみ働くことができる。したがって、特定の病気に対する作物の耐性を強めても、その『遺伝的』免疫が他の害虫を殺す殺虫剤を使うことで損なわれるとすれば役に立たない[24]」。

実験室レベルで作物の耐性を操作することは可能であるが、田畑でその耐性が崩壊する傾向があることが問題である。国際農業研究協議グループ（ＣＧＩＡＲ）の一九七九年の総合報告は、「耐性の崩壊は急速に起こり得るし、ある場合には品種を三年ごとに取りかえる必要があるかもしれない」と述べている。ハワードは生態的にバランスのとれている農業では害虫が問題にならないことを知ったが、不安定な農業システムにおいては害虫は農業に深刻な問題を投げかける。彼は農業における殺虫剤の使用を、害虫駆除のテキストのまえがきで戦争になぞらえている。

「害虫戦争は人類が生存をかけて戦わなければならない継続的な戦争である。害虫（とくに昆虫）は地球における人類の主要な競争相手であり、数十万年にわたって害虫によって人口は低く抑えられ、時には人類の生存が脅かされた。長い間、人類がぎりぎりの生活を送ってきたのは、害虫や害虫が運ぶ病気の猛攻撃を受けていたからである。こうした状況が変わり始め、世界の一部の地域で次第に害虫に対して優位に立つことができるようになったのは、比較的最近のことである」。

「戦争物語には、我々が戦ってきたいくつかの戦争、今も続いているゲリラ戦、我々が相手にする敵のタイプ、敵が生き残るためにとる戦略が書かれている。そして、害虫防除の『弓矢』時代の素朴な武器から現代の高度な武器にいたるまで我々が支配してきた武器、さらには試験段階にある『秘密兵器』の将来的な展望や、これまでの戦果、そして、戦争にともなう破壊について書いてある」[25]。

しかし害虫と「戦争」をする必要はない。もっとも効果のある害虫防除のメカニズムが、作物の多様性のなかで害虫と捕食者のバランスをとったり、作物の耐性を強めたりすることによって、作物の生態系のなかに組み込まれている。有機肥料は耐性を強化するのに重要であることが今では証明されている。

緑の革命の戦略は殺虫剤のみならず害虫の生態系も見落としているが、それは生態系が植物内の微妙なバランスにもとづいており、植物とその環境の目に見えないような関係の上に成り立っているからである。したがって、革命の戦略は害虫の防除を単純に毒物の暴力的な使用に還元している。この戦略が同じく認識していないことは、害虫には天敵が存在し、害虫の個体数を抑えるという独特の特性をもっているということである。

ド・バックの見解によると、

「農薬で害虫を防除するという考え方は、できるだけたくさん殺すということであり、試験所で新しい農薬をまずふるい分ける時の尺度は死亡率であった。できるだけ大量に殺すという目的と、害虫以外の昆虫やダニが害虫の復活や殺虫剤に対する耐性の発達を防止する早道となることについての無知と無関心が結びついた[26]」。

ド・バックはDDTが誘発した害虫の繁殖について研究し、繁殖が三六倍から一二〇〇倍以上にもなりうるということを示した。問題を悪化させたのは、害虫の天敵に与えた暴力と直接関係がある。自然のバランスを認識しなかった還元主義的な科学は、そのバランスが崩れた場合にどのようなことが起こるかを予期しなかった。たとえば、緑の革命の前にはほとんど問題でなかった昆虫や害虫がいまや大問題になってきる。現在、パンジャブの稲作はおよそ四〇種の昆虫と一二種類の病気にかかりやすい。コブノメイガは、一九六四年には軽微な蔓延としてしか記録されていなかった。ところが、一九六七年には、カプールタラーで大流行し、その後はこの州の稲作地域すべてに現れ、一九八三年には大きな損失を出した。セジロウンカは一九六六年に最初に記録された。その後はこの害虫が、一九七二年、一九七五年、一九七八年、一九八一年、一九八二年、一九八三年に大発生した。トビイロウンカは一九七三年に最初に観察された。一九七五年には、カプールタラー、グルダースプル、フィーロズプルで大流行した。イネアザミウマは、一九八二年にカプールタラーとグルダースプルに現れて以来、主要な害虫となった。アワヨトウは一九八三年にパンジャブのいたるところに現れた。トビハムシ、ウスイロコノマチョウ、イエロー・ヘアリー・キャタピラー、ヒメトビウンカ、シュガーケーン・ピリカなどは、緑の革命がもたらした稲の新しい害虫である。稲の単一栽培が受けやすい新しい病気は、ゴマハガレ病、イナコウジ病、鞘腐敗病である。[27]

多様性の破壊によって害虫を防除することにより、自然のメカニズムが破壊されるため、緑の革命の「奇跡」の種子は新しい害虫を育て、新しい病気をつくりだすメカニズムとなった。新しい品種を絶え間なく育種するのは、生態的に弱い品種が新しい害虫をつくりだすので、さらに新しい品

表2-8　パンジャブの稲作における病虫害の記録

一般名	学　名	パンジャブで最初に記録された年	病虫害の現況
昆虫によるもの			
イネゾウムシ	*Echinocnemus oryses* Marshall	1953	++
コブノメイガ	*Cnaphalocrosis medinalis* (Guenée)	1964	+++
サンカメイガ	*Nymophula depunctalis* Gurer	1964	+
イネヨトウ	*Sesamia inferens* (Walker)	1964	++
イネアザミウマ	*Stenchaetothrips biformis* (Bagnall)	1964	++
セジロウンカ	*Sogatella furcifera* (Horvâth)	1966	+++
ツマグロヨコバイ	*Nephotettix nigropictus* (Stål)	1966	++
ツマグロヨコバイ	*Nephotettix virescenus* (Distant)	1966	++
シロオオヨコバイ	*Tettigella spectra* (Distant)	1966	+
シマウンカ	*Nisia atrovensa Lath.*	1966	+
	Oleovus. sp	1966	+
ニカメイガ	*Chilo zonellus* Swin.	1966	+
クダアザミウマ	*Haplothrips qanglbaueri* Schmutz	1967	+
ヨコバイ	*Extianus indicus* (Distant)	1969	+
ヨコバイ	*Cicadulina bipunctella* Matsumura	1969	+
ヨコバイ	*Parabolocratus porrectus*	1969	+
キイロヒメヨコバイ	*Thaia subrufa* Melichar	1969	+
トビハムシ	*Chaetocnema basalis* 1970	1972	+
ウスイロコノマチョウ	*Melanitis leda* ismene (Gamer)	1971	+
ドクガ	*Euproctis virquncula* Walker	1971	+
	Psalis pennatula Fabricius	1971	+
トビイロウンカ	*Nilaparvata lugens* (Stål)	1973	+
ヒメトビウンカ	*Laodelphax striatellus* (Fallen)	1978	+
ミギワバエ	*Hydrellia* spp.	1980	+
	Laccobius spp.	1981	+
	Dicladispa armiqera (Oliver)	—	+
ニカメイチュウ	*Scirpophaga innotate* (Walker)	—	+++
サンカメイチュウ	*Scirpophaga incertulas* (Walker)	—	+++

表2-8　つづき

アワヨトウ	*Mythimna separate* (Walker)	—	++
イナゴ	*Hieroglyphus banian* (Fabririus)	—	++
イナゴ	*Oxya nitidula* (Walker)	1981	++
クモヘリカメムシ	*Leptocrisa acuta*	—	++
	Chroteqonus app	—	+
イネツトムシ	*Parnara mathias* Fabricius	—	+
ヨコバイ	*Kola mimica* Distant	—	+
イナズマヨコバイ	*Recilia dorsalis* (Motsch.)	—	+
ハムシ	*Altica cvanea* Weber	—	+
	Pyrilla perpusilla Walker	—	+
シロアリ	*Microtermes obesi* (Holmgren)	—	+
シロアリ	*Odontotermes obesus* (Rambur)	—	+
病原菌によるもの			
モンガレ病	*Rhizoctonia solani* Khün	1960	+++
イネシラハガレ病	*Xanthomonas campestris* p.v. *oryzae* (Ishiyama 1922) Dye 1978	1965	+++
イナコウジ病	*Ustilaginoidea virens* (Cke.) Tak.	1975	++
葉鞘腐敗病	*Sarocladium oryzae* Sawada	1978	+++
小球菌核病	*Sclerotium oryzae* Cav.	—	+++
ゴマハガレ病	*Helminthosporium oryzae* van Breda dehan	—	++
イモチ病	*Pyricularia oryzae* Cav.	—	+
墨黒穂病	*Tilletia barclayana* (Bref.)	—	+
コクシュ病	*Entyloma oryzae* H. et P. Sydow	—	+
スジハガレ病	*Cercospora oryzae* Miyake spot	—	+
シラハガレ病	*Xanthomonas translucens* f. sp. *oryzae* Prodesimo	—	+
褐色ハガレ病	*Rhynchosporium oryzae* H. et Yokogi	—	+
バカ苗病	*Gibberella fujikuroi* (Saw.) Ito	—	+

+++ = 重大,　++ = 軽微,　+ = わずか
資料：Sidhu.

種をつくりださざるを得ないからである。緑の革命がただ一つ達成したと思われる奇跡は、新しい害虫と新しい病気をつくりだしたことであり、これによって殺虫剤の需要がますます高まった。新種の害虫と有毒な殺虫剤がもたらす新たなコストは、現代の作物育種家が「食糧安定」の増大という名目で世界に与えた新しい種子の「奇跡」の一部として決して計算には入っていなかった。

第三章　化学肥料と土壌の肥沃度

パンジャブは豊かな沖積土をもつが、これは北インドのインド・ガンジス平原の大部分の特徴である。

この土壌について、ハワードとワットは次のように述べた。

「……二〇世紀にわたる田畑の記録は、土壌がその肥沃度を失うことなく、毎年かなりの作物を生産していることを立証している。収穫した作物の肥料の必要と、肥沃度を回復する自然のプロセスのバランスが完全にとれていた[1]」。

インド学術会議の農学部門で会長として演説したG・クラークは次のように述べた。

「事実を検討してみるなら、肥沃度を高める元素である窒素の利用については、北インドの耕作者を世界でもっとも経済的な農民と評価しなければならない。彼らは私が知っているどこの農民よりも少ない窒素で多くを生産している。これらの州では土壌の劣化については心配する必要がない。現行水準の肥沃度を永久に維持することができる[2]」。

二〇年間にわたる緑の革命の農業はパンジャブの肥沃な土壌を破壊することに成功した。国際的な専門家とインドの追従者たちが、彼らの技術で土壌を代用できるとか、化学肥料で土壌の有機肥料のかわりができるなどと間違って信じこむことがなかったなら、土壌の肥沃度は何世紀にもわたって代々引き継がれて、永久に維持されたことだろう。緑の革命では、養分の喪失や不足は、化学肥料であるリン、カリ、硝酸塩などの再生不能な投入物によって補うことができると想定していた。養分が植物を通して土壌でつくられ、有機物として土壌に戻されるという養分の循環が、地質的堆積物からリンとカリをとりだし、石油から窒素をとるという単線的で再生不可能な流れに変えられている。

大食いの品種

新しい種子は肥料を大量に消費するようにつくられていたので、緑の革命は基本的には種子と肥料がセットになった一括計画であった。緑の革命の何年か前から、工業国では肥料の生産能力が余っていた。第一次世界大戦後、窒素を固定できる工場をもっていた爆薬の製造業者は、商品を売りさばくために別の市場を見つけなければならなかった。合成肥料は軍需品を平和目的に「転換」するのに都合がよかった。ハワードはこの転換が化学農法の「NPK精神」と密接に結びついていることを指摘した。

「西側諸国の施肥の特徴は化学肥料の使用である。大戦中に爆薬を製造するために大気中の窒素を固定する仕事をやっていた工場は、別の市場を見つけなければならなくなり、農業における窒素肥料の使用が増えた。今日では、農民や園芸業者の大多数は肥料計画を、市場に出回っているもっとも安価な窒素(N)、リン(P)、カリ(K)をベースにしている。便宜的にNPK精神とよんでいるものが、試験場における農耕のみならず、農村地方における農耕も支配している。国家存亡の時期に自らの立場を固めた既得権者は農業ののど元を締めつける手段を手にいれた(3)」。

戦後、西側に安くて豊富な肥料があふれ、アメリカの企業は投資を取り戻すために、海外で肥料の消費量を増やしたいと考えた。肥料攻勢は新しい種子を普及させるのに重要な要因となった。というのは新しい種子がゆくところでは、かならず化学肥料の新市場を開くことができたからであった。一九六七年にニューデリーの会合で、ボーローグは新しい革命における肥料の役目について力説した。彼は聴衆の政治家や外交官にこう呼びかけた。「私が貴国の国会議員であったなら、一五分ごとに席から立ち上がって、声の限りに『肥料だ!……、農民にもっと肥料をやれ!』と叫ぶことでしょう。インドではこれ以上に重要なメッセージはありません。肥料はインドにもっと多くの食糧を与えてくれるでしょう(4)」。

政府の政策は国際機関によって触発されており、緑の革命を通じて化学肥料を使うことを積極的に支持した。化学肥料に助成金が与えられ、国際機関は無料で配布することまでやった。フォード財団の集約的農業開発計画は一九五二年にインドで始まったが、主に肥料の集中使用をベースにし

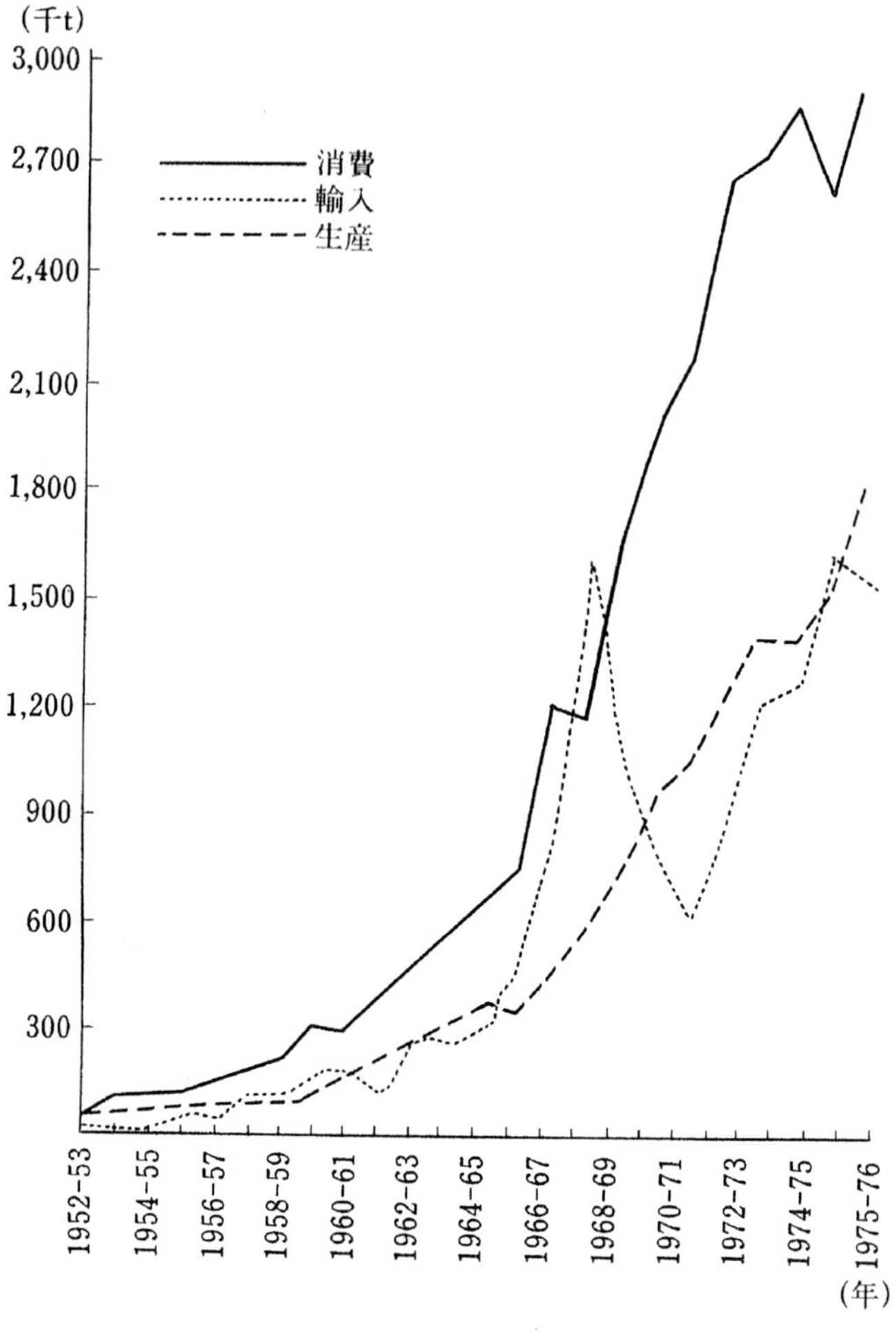

資料：Desai, 1979.

図 6　肥料の生産，輸入，消費

ていた。世界銀行やアメリカ国際開発局も肥料攻勢に加わっていた。一九六〇年代に、これらの機関はインドに圧力をかけて、西側の化学会社の肥料工場を建てるように促した。このように肥料産業に投資したにもかかわらず、インドは緑の革命で生じた肥料の必要量の四〇%も輸入に頼っていた(図6)[5]。

化学肥料の消費を増やすことは、インドの農業政策の計画的な戦略であった。第一次計画では化学肥料は有機肥料を補足するものとして考えられていたが、第二次計画とその後の五カ年計画では化学肥料に直接的な重要な役割を与えた。高収量品種(HYV)計画は肥料の大量投入に決定的に依存していた。

NPK精神はついにインドの専門家や農民にまで乗り移った。化学肥料は土壌の有機肥料を超える優れた代用物であると見なされた。

ある専門家はこう述べた。

「共同社会はひとつの要素が相対的に不足すると、それにかわるものを開発しようとするものである。人のかわりに機械を使い、土地のかわりに灌漑や肥料を代用するということはよくある例である……。石油の副産物である肥料は同じように、限界に達してしまった土地の代役をつとめることに役立った……」[6]。

表 3-1　肥料の生産と輸入

（単位：千 t）

年	生　産	輸　入 (a)	生産＋輸入 (b)	a/b（%）
1952-53	60	47	107	44
1953-54	67	26	93	28
1954-55	82	31	113	27
1955-56	89	61	150	41
1956-57	98	71	168	42
1957-58	107	123	230	54
1958-59	112	120	232	52
1959-60	135	179	314	57
1960-61	166	197	363	54
1961-62	219	174	393	44
1962-63	282	282	564	50
1963-64	327	274	601	46
1964-65	474	325	699	46
1965-66	357	492	849	58
1966-67	455	847	1,302	65
1967-68	610	1,623	2,233	73
1968-69	776	1,078	1,854	58
1969-70	955	762	1,717	44
1970-71	1,061	633	1,694	37
1971-72	1,239	971	2,210	44
1972-73	1,385	1,218	2,603	47
1973-74	1,374	1,256	2,630	48
1974-75	1,517	1,608	3,125	51
1975-76	1,828	1,541	3,369	46

その結論は「種子・肥料革命は土地を増やすことである」というものであった。そのような土地の節約は二つのプロセスを通じて行なわれると仮定された。第一には、矮性品種は在来種よりも多くの穀粒を生産するために、化学肥料を三倍から四倍多く消費するようにつくられていた。在来種は、丈が高くて細い茎を特徴としているので、大量の肥料はたいてい穀粒の収量を増やすよりも、作物全体の成長に転化される。一般的には、作物が過剰に成長すると茎が折れて、穀粒が地面に「倒伏」するので、作物の大きな損失となる。緑の革命を進展させることになった「奇跡の種子」、すなわち「HYV」の主な特徴は、化学肥料を集中的に投入しても倒伏しないように生物学的な操作で矮性種になっていることである。

緑の革命で育種した品種の第二の特徴は非感光性であった。光合成は大気中の二酸化炭素と水を日光の作用で結合させて炭水化物を生成することであり、植物の成長のプロセスには欠かせない正常な作用である。非常に大量の硝酸塩を取り込むには太陽光線が増えなければならず、したがって大量の肥料を使用するためには、日光にさらされる葉の表面が最大になるように作物を設計して補足する必要がある。高いひこばえ発生率や直立葉は、光合成を高めるための組織的な変化である。矮性種には非感光性が組み込まれており、毎年の気候の変化や局地的な日照時間の変化に左右されずに一定期間に成長するので、多毛作が可能になる。大量の肥料と多毛作はともに集中的な水の使用と年中の灌漑を必要とする。大量の水使用をともなう大量の肥料使用と多毛作が、土地節約的な特性となり、土地不足を克服するメカニズムであると考えられた。しかし、土壌の肥沃度を高めて、土地を「増やす」ことをめざした技術は、肥沃で生産的な土地を少なくするという結果をもたらした。

緑の革命を導入したパンジャブ州で飛躍的に穀物生産が増大したのは、もっぱらこの種子と肥料の抱き合わせ計画を利用したからであった。しかし、この増産は、作付面積の増大、穀物とマメ類の混作から小麦と稲の単一栽培への転換、輪作から稲と小麦の多毛作への転換、新品種における穀粒とワラの比率の変化など多くの要因がかかわっていた。

土地の侵食と劣化は、緑の革命の作付形態と密接に結びついている。緑の革命がパンジャブに導入されたことによる直接的な結果として、土地利用の形態が急速に変化した。作物は新たに切り開いた地区で栽培されているが、そこはもともと森林あるいは限界的な土地であった。耕地は今では小麦や稲などの土壌を疲弊させる作物をたえず栽培しており、地力をつけるマメ科作物と輪作にするようなことはない。カングが警告したように、「このプロセスは土地利用のらせん降下を意味しており、マメ類栽培が小麦や稲の栽培に変わって、最後には荒地となる」[7]。

緑の革命が始まってから小麦の作付面積は二倍になり、稲の面積は五倍に増えた。同じ時期にマメ類の面積は半分に減った。

一九八二・八三年に、パンジャブにおけるジョワールの作付面積は二五五万二二四八エーカーで、バジラは三二一万八二四八エーカーであった。こうした主食でない穀物がパンジャブの食用穀物地域の四一%を占めていた。この間の小麦の作付面積は六七三万四三五七エーカーで、稲作は七七万五三六七エーカーであった。現在は耕作面積の八五％が灌漑されている。ラビー（冬作または乾季作）の作付面積の八四％に小麦が植え付けられ、カリーフ（夏作または雨季作）の作付面積の五一％が稲作になっている。たった二つの作物を大規模に栽培し、しかも遺伝的基盤はきわめて狭く、灌漑と農薬（肥料、防虫剤、殺虫剤）を大規模に投入することによって、パンジャブに深刻な生態問題を引き起こしている。

パンジャブの作付パターンの変化は二つの経路で養分の再循環を破壊した。まず第一に、矮性種に変えたことによって、土壌にそのまま戻るか、飼料の循環を通じて戻ってゆく有機物が少なくなった。第二に、矮性種はより多くの養分を吸収することが必要であるため、土壌に有毒な化学物質を増やすと同時に微量養素の欠乏をまねく。

マメ類と雑穀の作付面積が少なくなって、交雑種の小麦と稲の面積が増えたことは土壌の肥沃度に深刻な影響を与えた。作付パターンからマメ類を除外したことによって、土壌に遊離窒素を与える大きな源がなくなった。キビや雑穀の生産が少なくなったため飼料が少なくなり、そのため土壌の肥沃度を更新するのに重要であった家畜の有機質肥料も少なくなっている。

施肥が同じなら、ＨＹＶと在来品種の稲はほぼ同じ総量のバイオマスを生産する。ＨＹＶはワラを犠牲にして穀粒の収量を増やす。在来種は穀粒の四倍から五倍の量のワラを生産するが、ＨＹＶの稲の穀粒とワラの比率は一対一である。したがって、在来種からＨＹＶの稲に転換することによって穀粒の量は増えたが、ワラは減った。ワラが少なくなったことが最終的には、飼料やマルチに利用できるバイオマスを減らし、養分の再循環を破壊することにつながった。

モロコシの在来品種は、一エーカー当たり六〇マーン（ヒンディ語の重量単位で約三七キロ—訳注）のワラをつくるが、穀粒は一〇マーンしか生産しない。一方、新しい品種は穀粒とワラを同量生産するので、飼料と有機質肥料の供給が少なくなる。

何世紀にもわたってインド・ガンジス平原の肥沃な沖積土を守ってきたものは、有機物の成長と腐敗のバランスをとってきた生態的な原則であり、これは土壌を生命体系のように扱うことを基本にする。

ハワードはこう述べている。

「農業はかならずバランスをとらなければならない。成長を速めるならば、腐敗を急がせなければならない。これに反して、土壌資源を浪費するなら、作物生産は良い農法ではなくなり、まったく別なものになる。農民は追いはぎに変身する(8)」。

二〇年にわたって「農民の訓練と教育計画」は、パンジャブの農民に有能な追いはぎになる方法を教えてきた。パンジャブ州の農業融資の六〇%は肥料を購入する資金に当てられた。州の販売共同組合連合である「マークフェッド」は、毎年五五〇〇万ルピーの肥料を配布している。同州の肥料の消費量は緑の革命の開始以来三〇倍に増えた。

表 3-2　灌漑小麦の肥料推奨値の推移

時　期	品　　種	栄養素（kg/ha） N	P_2O_5	K_2O
1968-69 以前	長稈種と半矮性種	45	23	23
1969-70 以後	i）長　稈　種（在来）	60-80	40	20
	ii）矮　性　種（HYV）	120	60	30

表 3-3　稲の肥料推奨値の推移

時　期	品　　種	栄養素（kg/ha） N	P_2O_5	K_2O
1968-69 以前	長　稈　種	45	23	23
1969-70 以後	矮　性　種	120	60	60
	長　稈　種	60	30	—
1975-76 以後	矮　性　種	120	30	30
	長　稈　種	60	20	—

表 3-4　灌漑トウモロコシの肥料推奨値の推移

時　期	品　　種	栄養素（kg/ha） N	P_2O_5	K_2O
1968-69以前	交　雑　種	110	55	55
	在　来　種	60	25	30
1969-70以後	交　雑　種	120	60	60
	在　来　種	85	60	30
1975-76以後	交　雑　種	120	60	30
	在　来　種	85	30	20

表の3-2・3・4はパンジャブ農業大学の調べによるもので、HYVへの移行にともなって肥料の使用がどのように増えたかを示している。

肥料の使用量の増加は生産増加につながっているだろうか？　矮性小麦の導入の前は、在来の高収量品種の収量は一ヘクタール当たり三二九一キロであったが、これに対して矮性種の収量は四六九〇キロであった。二つの品種に奨励されている窒素N、リンP、カリKの割合はそれぞれ、六〇・四〇・二〇と一二〇・六〇・六〇であった。物理的な産出と投入の比率は、新しい種子に移行したことによって、Nについては五五から四〇に低下しており、Pは八二から七八、Kについては一六五から七八に低下している。したがって新しい種子のために化学肥料の使用量が増えたが、それに相当して生産高が増えたわけではない。有機肥料を化学肥料に変え、それによって在来の高収量品種を変えたことが新たな養分不足や病気をもたらして、土壌が本来もっている生産力を低めた。その結果、化学肥料の施肥に対する作物の反応が弱まっている。化学肥料が土地のかわりとなり、土壌が本来もっている生産力のかわりになるという緑の革命の還元主義的なパラダイムは、植物が成長するにはNPKの他にも必要なものがあるという認識を欠如している。フォード財団の集約的農業開発計画（IADP）が土地の「不十分な活用」と見なした状態は、実は、すべての養分の更新と再循環を持続できるような限度以内で土地を使っていたのであった。「集約的」な農業戦略は事実上、土壌の生産力を奪いとる行為であった。

ピャレラルの言葉を借りるならば、

「非常に大きな土壌の生産力が商業用の穀粒と交換され、土壌から奪ったものが何らかの形で戻されるということがないので、永久的に土壌を破壊してしまった。これは農業ではなくて、まさに子孫を犠牲をした土壌の略奪行為である[9]」。

病気にかかり、死にかけた土壌

パンジャブで大豊作が数年続いた後、NPK肥料をふんだんに使ったにもかかわらず、非常に多くの場所で不作が報告された。「高収量」品種が微量養素を急速に奪い続けたために、微量養素不足が新たな脅威となった。植物がNPK以外の養分を必要としていることは明らかであり、大食いのHYVが土壌から急速に微量養素を吸い上げてしまい、亜鉛、鉄、銅、マンガン、マグネシウム、モリブデン、ボロンなどの微量養素が不足した。有機肥料を使っていれば、こうした不足は起こることはなかった。有機物にはこうした微量養素が含まれているけれども、化学肥料のNPKには含まれていない。亜鉛不足はパンジャブの微量養素不足のなかでももっとも広がっている。パンジャブで採取した土壌サンプルの八七〇六件の半分以上が亜鉛不足であることがわかり、そのために、米、小麦、トウモロコシの収量は一ヘクタール当たり、それぞれ最高三・九トン、一・九八トン、三・四トン減った。硫酸亜鉛の消費量は一九六九・七〇年のゼロから、一九八四・八五年のほぼ一万五〇〇〇トンまでに増えた[10]。鉄不足はパンジャブ、ハリヤナ、アーンドラ・プラデシュ、ビハール、グジャラート、タミール・ナードゥの各州で報告されており、米、小麦、グラウンドナッツ

（地下に実を結ぶ植物）、サトウキビなどの収量に影響を与えている。マンガンもパンジャブの土壌で不足している微量養素のひとつである。これまでは油脂作物とマメ類のみに見られた硫黄不足がいまや小麦のような穀類にも見られるようになった。

緑の革命は生態系に微量元素を過剰に導入することによっても、土壌毒性をもたらした。灌漑によるフッ素の毒性はインドのさまざまな地域に持ち込まれた。インドでは二六〇〇万ヘクタールの土地がアルミニウムの毒性の被害を受けている。パンジャブのホーシアルプル県では、ボロン、鉄、モリブデン、セレニウムの毒性が緑の革命を実践するにしたがって蓄積し、作物生産のみならず家畜の健康にも脅威を与えている。

土壌の病気と養分不足のために、NPKの使用量を増やしても、それに応じて米や小麦の生産高が増加するということはなかった。小麦と米の生産高が不安定で、肥料の使用量が増えているにもかかわらず、パンジャブのほとんどの郡で生産高が低下さえした。

パンジャブ農業大学の実験によっていまや、化学肥料は土壌の有機的生産力のかわりをすることができないこと、有機的生産力は土壌が生産しただけの有機物を土壌に戻すことでしか維持できないことがわかり始めている。一九五〇年代初めに、フォード財団の顧問がやって来る前に、K・M・ムンシは養分循環の修復に言及しており、今日の農学者たちがパンジャブの病気にかかって死にかけている土地に対して勧告しているような事態を予期していた。さらに、ハワードは「これからの時代では化学肥料は産業時代の最大の愚挙のひとつと見なされることであろう」と予測したが、それが事実になりつつある。

有機質肥料の復活

農学者たちは作物の生産性を維持するために有機質肥料に戻ることを要求している。(11) フォード財団やその他の専門家が「過去の足かせ」とよんだものが、持続的な農業の時代を超えた必須の要素として再び認識されるようになっている。

稲作では古くから行なわれている緑肥が窒素肥料の反応を倍加することがわかった。緑肥に一ヘクタール当たり六〇キロの窒素を加えると、一ヘクタール当たり一二〇キロの窒素を使って生産した場合と同じバイオマス量の種籾を生産した。カルナータカのような地域では、土壌の肥沃度と組成を改良するためにポンガミアの葉と枝が水田に豊富に使われている。

同じように、畜糞を利用する昔ながらの方法は、パンジャブ農業大学の実験で化学肥料よりも効果的であることがわかった。畜糞を小麦と輪作する稲に一ヘクタール当たり一二トンの割合で施肥すると、稲の収量は一ヘクタール当たり〇・八トン増え、窒素を四〇キロと八〇キロを使った場合には、それぞれ収量が一・八トンと二・九トン増加したが、窒素一二〇キロだけの場合は収量は二・七トンの増加にとどまった。

稲作の後の小麦の収量は、一ヘクタール当たり一二トンの畜糞に九〇キロの窒素と三〇キロの五酸化リンを加えた場合、推奨されている一二〇キロの窒素と六〇キロの五酸化リンによって入手で

表3-5　稲と小麦の輪作における畜糞と肥料の経済

畜糞(t/ha)稲に施肥	稲 窒素使用量(kg/ha)	稲 収量(t/ha)	小麦 窒素(kg/ha)	小麦 五酸化リン(kg/ha)	小麦 収量(t/ha)
0	0	2.9	0	0	1.4
12	0	3.7	90	0	3.0
12	40	4.7	90	30	3.4
12	80	5.8	90	30	4.3
0	120	5.6	120	60	4.2

きた収量に匹敵した。

長期実験の結果では、一ヘクタール当たり一五トンの畜糞を小麦と輪作するトウモロコシに施肥した場合、窒素、五酸化リン、カリウム、酸素、亜鉛をそれぞれ四〇、八〇、六〇、三〇、五キロ節約することができた。さらに、州のいろいろな地域の田畑で実験した結果、NPKの五〇%を代用することができた。畜糞を継続的に使用したところ、土壌の有機成分が増えて土壌の生産性が向上したことがわかった。畜糞はリン、カリウム、亜鉛を補うので、微量養素の不足を解消することがわかった。

持続可能な農業は土壌養分の再循環を土台にしている。つまり、土壌から奪った養分の一部を有機肥料として直接にか、あるいは畜糞を通じて間接的に土壌に戻すということである。養分循環を通して土壌の肥沃度を維持するには、犯してはならない返却の原則が基本となっている。

緑の革命のパラダイムは、工場から化学肥料を購入して投入するという単線的流れで養分循環を代用し、市場性のある農産物の生産に焦点を合わせる。しかし、パンジャブの経験が示すように、土壌の生産力は工場でつくるＮＰＫに還元することはできず、農業の生産性を保つには土壌がつくりだした生物的な産物の一部を土壌に返すことが必要である。技術は自然のかわりにはならず、自然の生態的プロセスをはみ出すなら、かならず生産の基盤そのものを破壊する。また市場性のみを「産出」と「収量」の唯一の尺度にすることはできない。

緑の革命は土壌の生産力を化学工場で生産することができ、農産物の収量を市場商品によってのみ測ることができるという認識をつくりだした。マメ類のような窒素を固定する作物は追放された。有機物を土壌に戻すという観点からみれば高収量をあげているキビが「採算ぎりぎり」の作物として拒否された。市場では売られていないが、土壌の肥沃度を保つために内輪で使われている生物的な産物は、緑の革命のコストと利益の方程式では完全に無視された。それらは購入したものではないという理由で投入リストに現れず、売られていないので生産高としても現れなかった。

しかし、緑の革命の商業的な文脈から「非生産的」とか「浪費的」とされているものは、生態的な文脈に照らせば生産的であり、今では持続可能な農業の唯一の方法となってきている。自然の本来の姿を維持するのに必須の有機的な投入物を「浪費」として扱うことによって、緑の革命の戦略は、肥沃で生産的な土壌を実際には荒廃させている。「土地を増やす」技術は、実は土地を劣化させ、土地を破壊する技術であることがわかった。温室効果と地球温暖化の問題が加わることにより、化学肥料の生態的な破壊効果に新たな要素が加わった。窒素肥料は窒素酸化物を放出するが、窒素酸化物は地球温暖化をもたらす温室効果ガスのひとつである。化学肥料はこのように土地、水、大気を汚染することによって食糧の安全を崩壊させるのに寄与してきた。

第四章　集約的な灌漑、巨大ダム、水争い

水を欲しがる種子

緑の革命の「奇跡」の種子がゆくところはどこでも新しい水の需要をつくりだした。集中的な農薬使用と集約的な灌漑の二つは、土地を「増やし」、土壌の肥沃度を高めるために緑の革命の農業で使われた手段であった。ところが、この二つは土地を劣化させ、土地不足にさせ、おまけに殺虫剤、肥料、集中的な水利用なしではすまされないような中毒状態をもたらした。この章は、集約農業がいかに集約的な水利用を必要とし、土地の生産力を高めるどころか荒地をつくりだし、水資源に対する新たな需要を生みだし、解決できないような紛争を引き起こしたかをたどる。

パンジャブはその名のとおり五河地方を意味する。この地域の繁栄は、インダス（シンドゥ）川とその支流であるジェラム（ヴィタスタ）川、チェナブ（アシキン）川、ラビ（イラヴァティ）川、ビーアス（ヴァパサ）川、サトレジ（サタドル）川の水源を持続的に利用してきたことと密接につながっている。

灌漑は緑の革命によってパンジャブにもたらされたわけではなかった。パンジャブは古代から灌漑の歴史をもっている。ギリシャが侵略した時代には、この地域の農業は、溢流用水路網のおかげで繁栄していた。八世紀の昔には、アラブの征服者は税をとるために灌漑農地と非灌漑農地とを区別した。溢流用水路は何百万ヘクタールもの田畑に水を注いだ。これらの水路の大きな長所は湛水を起こさなかったことである。水路に水が流れるのはモンスーン季の四カ月か五カ月の間だけであり、残りの期間は干上がっており、排水路として役立った。

昔の水路の第二の特徴は、自然の排水の形に沿って並行しているということであった。モンスーン季にはどの川も水が土手からあふれ出て、土手に泥が堆積した。繰り返し泥が堆積するために、川に沿って高い分水線ができあがる。こうした分水線に沿って、あふれた川の水を流す水路をつくった。このように水路の方向を設定しているので、この地域の雨水の全体的な流れを妨げることはほとんどなかった。サトレジ流域プロジェクトは、四つの大規模な頭首工（幹線用水路の頭部に設けられる構造物の総称―訳注）に端を発している一三の大水路で構成されており、やはりこの土地の自然の排水形態に並行させ、それに逆らわないという原則にしたがった。一九世紀に多くの古い水路に恒久頭首工が設置されて、通年用水路となった。二〇世紀の中頃には、パンジャブに三一の大規模な水路系ができあがった。一九六三年にはこれにバークラダムが加わった。[1]

バークラダムは一九〇八年に高さ三九五フィートの貯水池として計画された。一九二七年には一六〇〇フィートに改修された。独立後、バークラダムに新たな重要性が加わったが、それはインダス川流域の灌漑農地の大部分がパキスタンの領土となったからである。一九五三年までにバークラダムの設計が完了し、一九六三年に二三億八五〇〇万ルピーをかけたダムが使用できるようになった。

全長三〇〇〇キロの用水路を網羅するバークラ・システムが古い水路システムと異なるところは高いダムによって給水しているところであり、自然の排水路に逆らって地域を横断する水路網によ

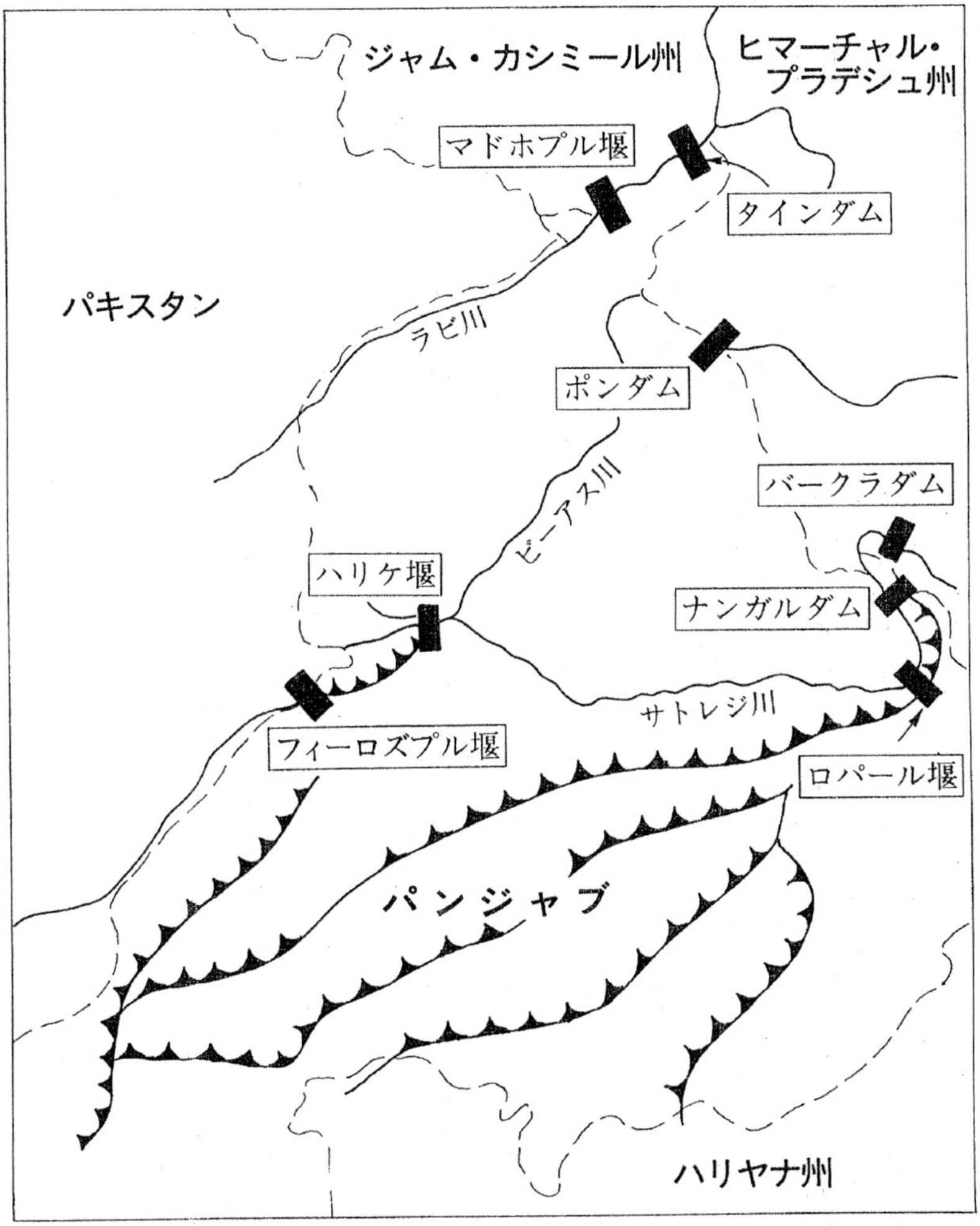

資料：Uppal, 1978.

図7 インダス川流域

表4-1　パンジャブで建設されたダムの貯水能力

ダム	総トン数	貯水容量（百万 m^2）
バークラダム（ゴーヴィンド・サーガル湖）	9,867.8	7,770
ポンのビーアスダム	9,140.94	6,907.49
タインダム	7,404.00	—

って二三七万二一〇〇ヘクタールの面積を灌漑している。

一九七七年にはインダス灌漑システムに給水する大規模ダム網が延長され、マンディの近くにパンドダムが建設され、タルワラの近くにポンダムが建設された。パンドダムが造られたのは、ビーアス川から七〇〇〇キュセック（キュセックは毎秒一立方フィートの流水—訳注）の水量を四〇キロ離れたサトレジ川上流にあるバークラダムのゴーヴィンド・サーガル湖に引き込むためであった。ポンダムの目的はラジャスタン用水路に送るために六五五万エーカーフィート（エーカーフィートとは一エーカーを一フィートの深さに満たすのに等しい水量—訳注）の水を貯めることである。もうひとつ建設中のダムは、ラビ川沿いのタインにある五六〇万エーカーフィートの貯水能力をもつ高いダムである（図7）。このダムはマドホプルとビーアスをつなぐ流れを安定させ、さらにジャム・カシミール州の二万四六九一ヘクタールを灌漑する。パンジャブのさまざまなダムの貯水能力は表4-1で示している。

表流水灌漑のための大規模ダムと緑の革命の農業のための高い水需要が結びついて、水のバランスに大きな生態的影響を与え、さらに、この地域の政治的な権力のバランスにも影響を与えた。

アッパー・ジェラムとアッパー・チェナブは基本的には水を導くための補水路で、ジェラム川の水をチェナブ川に運び、チェナブ川の水をラビ川に運ぶ。ローワー・チェナブは一八八七年に溢流用水路として、一八九三年には通年用水路として切り開かれた。シルヒンド用水路は一八八二年には灌漑目的のために開かれたが、一八八四年まで完成しなかった。

緑の革命は地下水のみならず表流水の灌漑を強化拡大することを土台としていた。新しい種子は大量の灌漑用水を必要とする。在来種は不作に対する保護的な灌漑を必要としたのに対し、新しい種子は作物生産のための必須のインプットとして集約的な灌漑を必要としている。緑の革命は二つのレベルで灌漑用水の必要性を高めた。第一に、水をそれほど求めないキビや油脂作物などの作物から、小麦や稲などの単一栽培や多毛作に移行したことによって、年間を通じて投入する水需要を高めた。表4-3はさまざまな作物の水需要を示す。(2)

第二に、在来種にかわる新種の小麦と稲作で灌漑の集約度が高まり、二〇〜三〇%から二〇〇〜三〇〇%に増えた。

灌漑はそれまでは保護のため使用されていたのであるが、現在では「生産」のための使用である。緑の革命の品種は、在来種よりもはるかに水を必要とする。たとえば、高収量品種(HYV)の小麦は在来種よりも三倍も多い灌漑を必要とする。したがって、在来種の小麦が一二インチの灌漑しか必要としないのに、HYV種は少なくとも三六インチを必要とする。在来種の小麦とHYVの小麦の生産高を比較すると、パンジャブでそれぞれ三二九一と四六九〇 kg/ha である。(3) したがって、

システムと用水路および灌漑面積

2　次	最大容量 1921-22 (旧用水路)	受益地域	1921-22 年の灌漑農地 (旧用水路) (ha)	配水路全長 (マイル) (ha)
77	20	283,200	225,855	135
91	—	146,650	165,032	—
184	256/313			
11,100	315	315	22,865	12,520
4,760	135	315	348,982	47,162
		324,396	9,904	
190	595	384,856		
	354			
45	45	202,201	91,441	64
354	354	—	30,373	1,140
510	ビストを含む	4,000,000 ドアブ・シルヒンド	2,600,000	3,360
524	524	2,711,400	590,400	8,000
79	184	940,674	346,163	3,032
142	190	608,684	543,695	2,510
170	242	184,104	499,240	5,478
52	52	1,121,540	84,747	402
236	308	1,046,320	1,036,395	3,589
108	119	506,637	359,280	1,674
333	138 338	611,360	265,245	2,003
191	200	577,600	402,055	1,923
237	57	232,023	145,110	106
	237			

表 4-2　パンジャブの通年用水路

水　　路	開設年	当初計画容量（キュセック）
ビカネール用水路	1927	2,720
イースタン用水路	1938	3,200
西ヤムナー用水路	1939-34	6,500
フィーロズプル補水路	1952	
シルヒド補水路	1952	
マクフ用水路	1952	
アッパー・バリ・ドアブ用水路（改修）	1954	6,700
シルヒンド用水路（改修）	1954	
ビスト・ドアブ用水路	1954	1,601
ナンガル水力発電用水路	1954	12,500
バークラ用水路	1954	18,000
ラジャスタン用水路	1954	18,500
西ジャムナー用水路	1973	2,800
アッパー・バリ・ドアブ用水路	1859 & 1873	5,000
シルヒンド用水路	1882-84	6,000
シドナイ用水路	1886-87	1,820
ローワー・チェナブ用水路	1887 & 1893	8,313
ローワー・ジェラム用水路	1901-02	3,800
アッパー・チェナブ用水路	1912	11,742
ローワー・バリ・ドアブ用水路	1915	6,750
アッパー・ジェラム用水路	1915	8,380
ローワー・スワ用水路	1917-18	

表 4-3　水の単位当たりの穀物生産性

作　物（新種）	平均的田畑の水需要（mm）	収　量（kg/ha）	水量 mm 当たりの水使用効率
コ　メ	1,200	4,500	3.7
モロコシ	500	4,500	9.0
バジラ	500	4,000	8.0
トウモロコシ	625	5,000	8.0
コムギ	400	5,000	12.5

資料：GIRIAPPA, p. 17.

水利用に関しての生産性はそれぞれ六二〇・九〇と二九一・一 kg/ha/cm である。

水利用の観点からみると、小麦を新種にかえて、キビや大豆を稲作にかえたことで生産性が低下した。さらに、この転換は社会的および生態的な破壊のプロセスの引き金となった。社会的な公平さを考えるなら、できるだけ広い面積の作物に保護的に水を与えるような灌漑用水の広範な利用のほうが好ましい。緑の革命の包括計画の一環である灌漑用水の集約的な利用は、灌漑の利用を小さな地域に限定するものである。したがって、キビ栽培を水田に転換することで、灌漑地は三ヘクタールから一ヘクタールに減少する。

水の集約的な利用は生態的に大きな影響を与える。緑の革命で水の使用量が大幅に増えたことにより、この地域の水収支が完全に不安定になった。生態系が自然にもっている排水能力を上回る水量を生態系に与えることによって、水の循環は不安定になる。それによって土地は湛水や塩類集積を通して砂漠化する。この種の砂漠化は水の利用というよりも、むしろ水の乱用形態である。砂漠化は大規模な灌漑プロジェクトと水集約的な栽培形態によるものである。アメリカの灌漑農地のおよそ二五%が、塩類集積と湛水に悩まされている。インドでは水路による灌漑農地の一〇〇〇万ヘクタールが湛水し、さらに二五〇〇万ヘクタールが塩類集積に脅かされている。土地が湛水するのは、地下水位が地表から一・五から二・一メートル以内になる時である。くぼ地から排水されるよりも速く水が加えられれば、地下水位は上昇する。ある種の土壌やある種の地形は湛水に非常に弱い。ほとんど勾配がないパンジャブの肥沃な沖積平野は、緑の革命の農業を行なうために過剰な灌漑用水を導入したことによって、甚大な砂漠化の被害を受けている。

いかなる地域においても地下水位の上下は、その地区の水収支によって左右される。灌漑施設から地下に浸透・浸出する水量が、水平に浸出するか掘り抜き井戸のどちらかを通じて排出される水量を上回っているなら、水収支がプラスとなって、この地域の地下水位は上昇を続けるであろう。一方、地面からの排水が、深い浸透による喪失、浸出、垂直的な流れを上回るならば、この地域の水収支はマイナスとなり、地下水位は気候に応じて低下を続けるであろう。パンジャブは半乾燥から乾燥地帯である。表4-4はパンジャブの各地の降雨量を示す。[4] ファリードコート県で一九五七年から八一年までに観察された平均降雨量は四〇〇ミリであった。雨量のほとんどは通常は七月から九月までの間に集中する。インド・ガンジス平原では、雨量の二〇%は地下水源に浸透する。したがって、自然の条件のもとで、地表水から地下水への垂直の流れは年間わずか八〇ミリにすぎない。灌漑あるいは雨によって田畑の作物に与えられる水の約二五~三〇%は、垂直に浸透して地下水に加わるので地下水位が上がる。地中水の横方向の地中流出がないので、さまざまな作物を輪作

表 4-4 パンジャブの各県の降雨量 (単位：mm)

郡	1972	1973	1974	1975	1976	1977	1978
グルダースプル	716	1,057	600	954	1,371	1,211	903
アムリッツァル	442	773	379	543	1,233	702	543
カプールタラー	410	690	339	620	593	610	*
ジャランダル	514	881	368	649	627	775	646
ホーシアルプル	683	867	511	788	992	950	713
ロパール	552	837	657	806	629	732	816
ルディアーナ	469	694	365	633	692	878	652
フィーロズプル	301	532	172	350	764	445	360
ファリードコート	319	543	237	411	608	514	426
バティンダ	310	428	240	602	422	354	387
サングルール	396	560	275	485	626	680	*
パティアーラ	571	728	419	660	882	944	650

* 不明

している田畑から地下深くに浸透して喪失し、地下水位が上昇することは、パンジャブ農業大学によって計算された以下のサンプル計算によって明確である。[5]

綿と小麦、あるいは大豆と小麦の輪作によって毎年田畑に使う全水量を一三〇センチとしよう。水を上手に使ったとしても、使用した水量のおよそ二五％は地下に浸透して、地下水に加わる。つまり、水深のおよそ三二センチは地下に浸透するということを意味する。〇・一二という平均的な比浸出量の帯水層であると仮定すると、それによって毎年地下水位は一六〇センチ上昇する。比浸出量というのは、単位体積の帯水層から重力によって排出される水の量である。小麦と米の輪作による年間の水の縦浸透量は使用水量の五〇％にのぼる。米と小麦の輪作に用いる年間水量は二〇〇センチであるので、したがって、一〇〇センチが地下水に流れ込む。帯水層では地下水位の年間上昇は五〇〇センチとなる。

作付形態の変化による影響のほかに、パンジャブ南西部の地下水位が上昇した他の重要な原因はこの地域に向かう地中流出である。パンジャブ州の地下水の帯水層は厳密にこの地域にとどまっているわけではない。北東から南西に向かって地下水が水平に流れている。カンディ地帯を除いて水流の勾配は一キロ当たりおよそ〇・三メートルである。H・L・ウッパルとマンガットは、地下水位までの深さの等高線が年間に〇・二九キロの割合で北西パンジャブからバティンダに移動しており、バティンダは地下水位が上昇していることを証明した。地下水の分水線が南西部ではおおむねビカネール用水路に沿ってできていた。

パンジャブ州にある水路施設は図8に示している。南西地域に水を送っている幹線用水路はロパール頭首工、ハリケ堰、フィーロズプル頭首工から端を発している。この地区の水位はバークラ・システムとハリケ堰が建設されてから確実に高くなってきた。しかしながら、用水路の給水を増やす必要性が出てきた。というのは用水路の給水を割り当てた時に予想していたよりも、作物栽培の集約度が急速に高まったために、灌漑の要求も高まったからであった。

この数年の間に、この地域の地下水位の上昇とともに稲作面積は数倍に増えた。このように集約的な灌漑はさらに多くの水を要求するという悪循環をまねく。そのうえ、パンジャブ南西部の地下水は塩分を含んでいるので、湛水という状態にあるにもかかわらず、農民は水路の用水をますます多く要求している。パンジャブ州のいくつかの地区は湛水と塩類集積の問題を抱えている。およそ

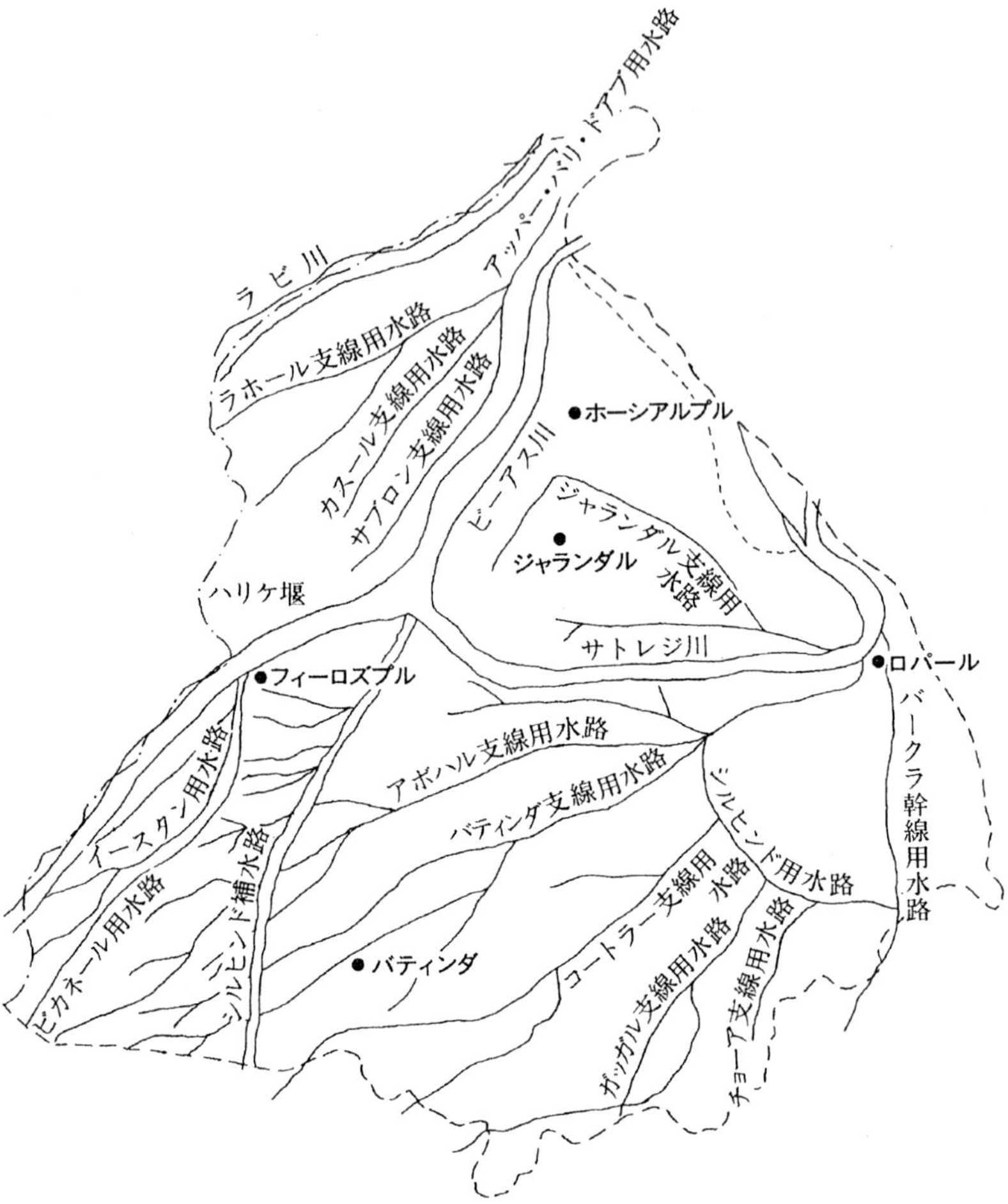

資料：Punjab Agricultural University.

図8　地表灌漑システム（パンジャブ州）

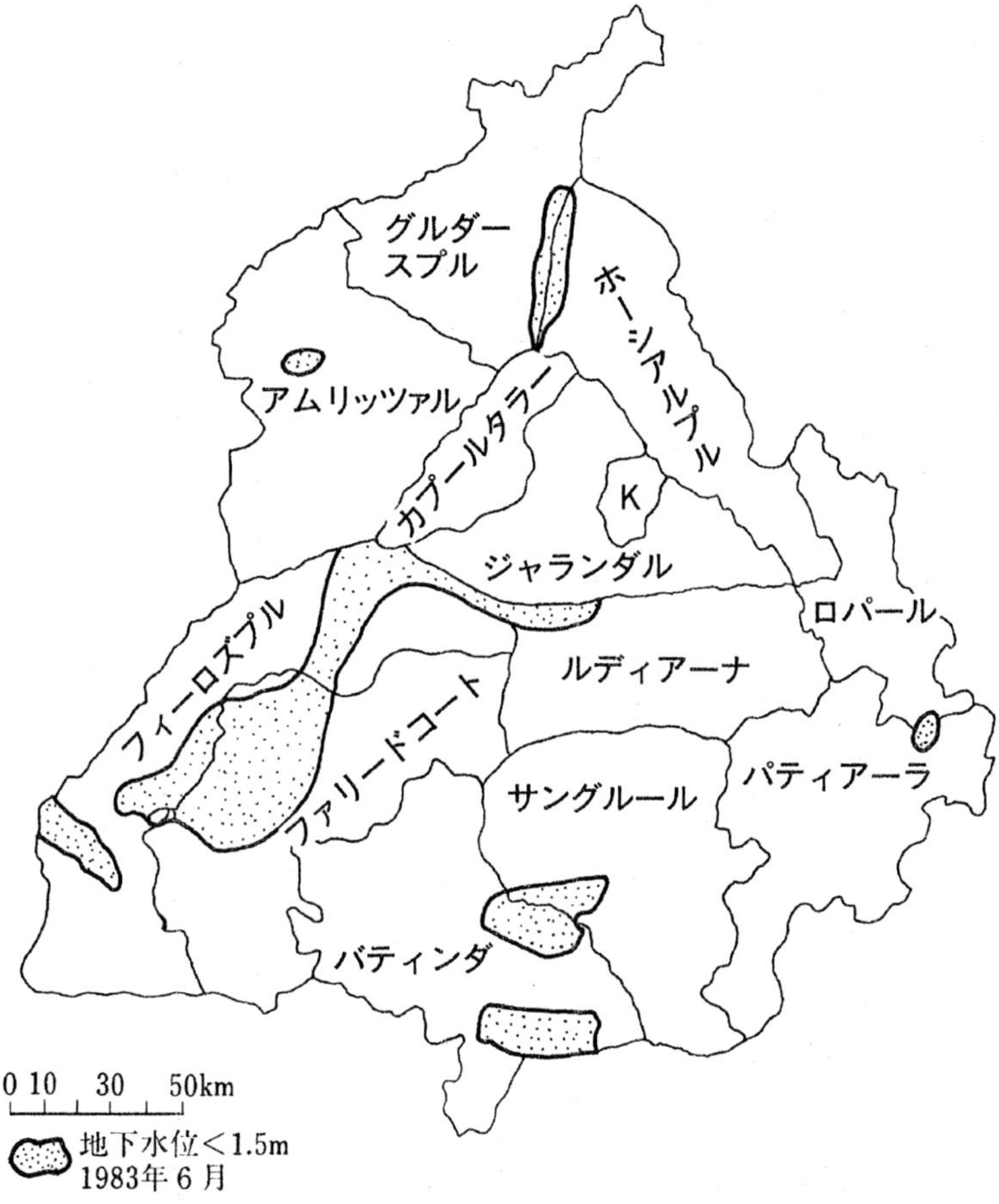

資料：Punjab Agricultural University.

図9 湛水地区の分布（パンジャブ州）

二八・六万ヘクタールの地区が六月においてさえも、地下水位が一・五メートル以下である。モンスーンシーズン中には地下水位は〇・五から一・二メートルにまでさらに上がる。こうした地区は通常、その地形にしたがって程度はいろいろであるが、湛水問題をかかえている。表4-5はパンジャブの県別の地下水収支を示す。[6] パンジャブの各県の湛水地区の分布（一九八三年六月で地下水位が一・五メートル以下）は図9と表4-6に示した。[7] これらの図表から、重大な湛水問題はパンジャブの南西県、すなわちファリードコート、フィーロズプル、バティンダにあることがわかる。ファリードコートとフィーロズプル県だけでも、地下水面の深さが一・五メートル以下で、塩分やナトリウムの被害を受けている面積はおよそ二一・四万ヘクタールである。バティンダはその次にパンジャブで被害が大きな県である。

湛水の問題と密接に関連しているのが、塩類集積である。耕地の塩害は乾燥地域で集約的な灌漑を行なった必然的な結果である。雨が少ない地域では、土に大量の浸出していない塩分を含んでいる。このような土壌に灌漑

（単位：ha・m）

掘り抜き井戸による汲み上げ	掘り井戸	水収支
88,102	850	116,614
59,006	391	146,668
48,232	1,809	27,495
51,703	154	2,729
101,137	4,679	702
85,445	1,263	12,112
88,870	1,921	27,030
19,088	1,952	19,345
121,920	1,691	37,429
53,306	92	100,573
34,243	44	64,699
30,905	981	102,606
781,957	15,827	658,002

表 4-5　パンジャブの県別地下水収支

県	降雨による再補充	用水路灌漑と用水路系からの浸出による再補充	掘り抜き井戸による再補充	高水位地区の排水路からの地中流出による再補充
アムリッツァル	107,541	74,947	22,105	473
グルダースプル	126,485	50,182	14,849	14,550
ホーシアルプル	41,380	15,861	12,634	7,661
カプールタラー	28,597	1,817	12,964	11,208
ジャランダル	48,543	19,067	26,452	18,869
ルディアーナ	24,999	45,825	22,151	5,847
サングルール	39,085	56,039	22,697	—
ロパール	20,657	11,365	5,321	3,041
パティアーラ	76,313	48,144	30,786	5,796
ファリードコート	43,449	97,173	13,349	—
バティンダ	26,731	63,688	8,567	—
フィーロズプル	53,860	92,747	20,318	17,567
合　計	637,640	576,855	212,193	85,210

用水を注ぎこめば、こうした塩分は地表に出てきて、水分が蒸発した時に後に残る。世界の灌漑農地の三分の一以上が塩害問題を抱えており、土壌の生産性は低下し、極端な場合には永久に破壊される。パンジャブではおよそ七万ヘクタールが塩害の被害を受けており、収穫がまったくないか、あってもきわめて貧弱である（図10）。

湛水と塩類集積は、土地と水の生産的な利用方法として集約的な灌漑を行なうことが、地形や土壌の性格からみて不可能な地域で、水を過剰に使うことから起こってくる問題である。こうした問題を解決するための自然でエコロジカルな方法は、水をあまり使わない作付形態や、水をそれほど必要としない作物や品種に転換することであろう。一方、技術的な解決策は、人為的に排水の特徴や土壌の

表 4-6　パンジャブの各県における湛水地区の分布
（地下水位が 1.5m 以内，1983 年 6 月）

郡	湛水地区 (10 万 ha)	各郡の %
ファリードコート	1.12	39.16
フィーロズプル	1.02	35.66
バティンダ	0.32	11.19
サングルール	0.09	3.15
アムリッツァル	0.08	2.80
ホーシアルプル	0.07	2.45
グルダースプル	0.06	2.10
ジャランダル	0.05	1.75
ルディアーナ	0.04	1.40
ロパール	0.005	0.17
パティアーラ	0.005	0.17
合　計	2.86	

化学的組成を変えて自然を改造することである。この治療方法は病気そのものよりも始末が悪い。水の消費も増え、余分な水をすばやく抜く排水装置も増え、脱塩のためのエネルギーも資本も増える。こうした救済法は金銭的には不可能であるし、持続できない。

パンジャブの水需要が高まったのは、緑の革命の作物の集中的なニーズを満たすための水の大量投入を減らすのでなく、むしろ水の使用量を増やすことで湛水と塩類集積に対処しようとしたからである。湛水対策のすべては原因そのものを取り除くのではなくて、対処療法的な試みである。集約的な水使用を続けなければならないので、過剰な水を取り除く技術的な解決策を見つけなければならないと考えられているのである

最初に提案された解決策は「垂直的排水」、

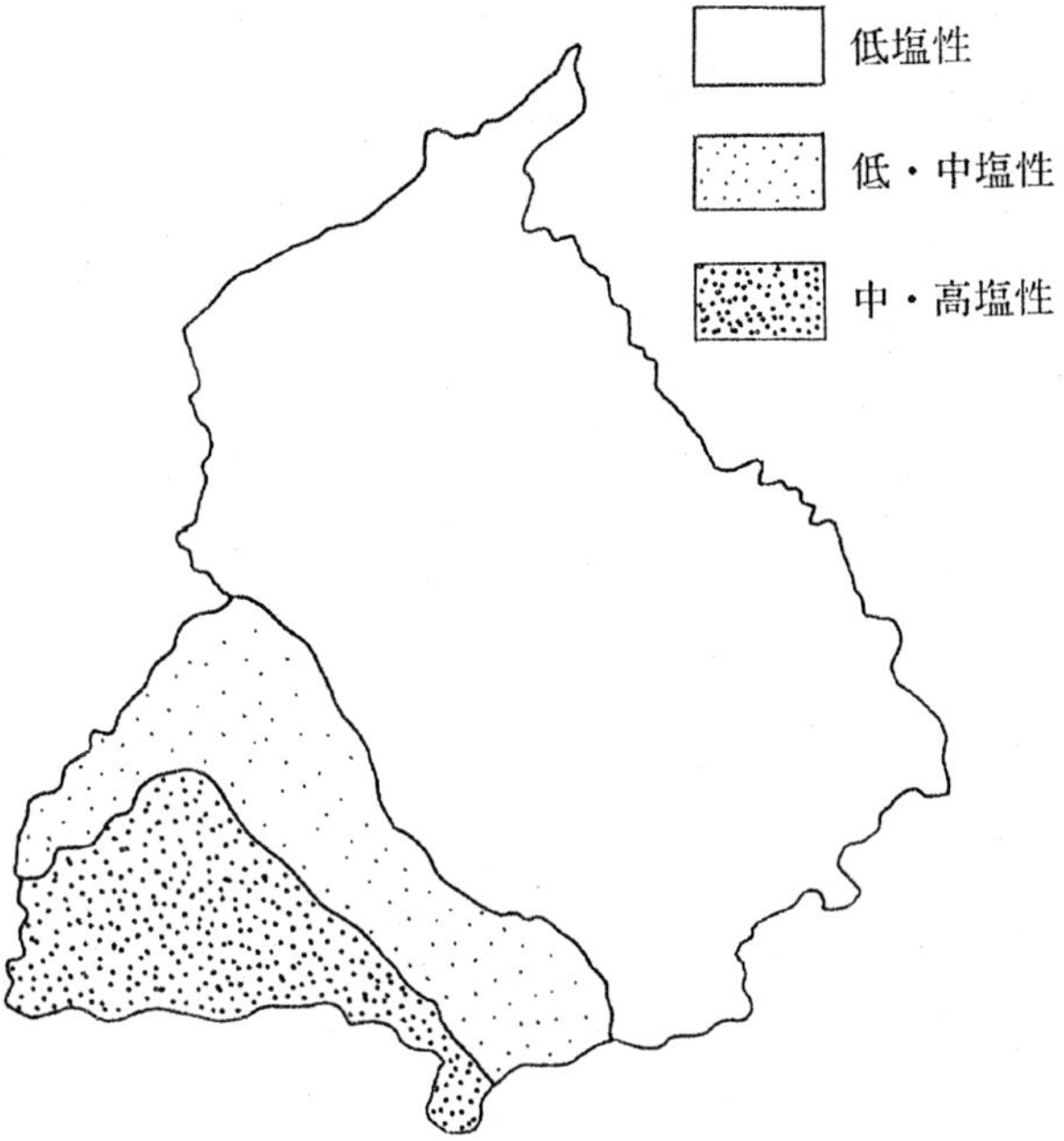

資料：Punjab Agriculture University.

図10　地下灌漑用水の水質（パンジャブ州）

すなわち掘り抜き井戸による地下水の汲み出し案であった。この案では、灌漑がもたらす生態的な問題の解決策のほうが、灌漑の当初費用よりも高くつく。灌漑コストは掘り抜き井戸の水を使うより、用水路の水を使ったほうが安い。このコストは掘り抜き井戸の動力がディーゼルか電力かによって変わる。トウモロコシと小麦あるいは綿と小麦の輪作の灌漑費用は、ディーゼル式の掘り抜き井戸の場合は、電動式の掘り抜き井戸にくらべて三倍高い。このようにコストに差があるので、地下水位が深さ一メートルのところにある地

表 4-7　PVC 素材 ($6kg/cm^2$) による単一井戸と複数井戸システムの設置費用

単一／複数井戸 (4)	1本の井戸の概算費用（ルピー）	費用の相対的増加率
深さ 22m までの単一井戸	2,000	—
4本井戸システム		
i）　6m 間隔	3,800	1.90
ii）12m 間隔	4,700	2.35
iii）18m 間隔	5,600	2.80
iv）24m 間隔	6,500	3.25

区の農民でさえも、ますます水路の水を欲しがるのである。掘り抜き井戸を設置し、「スキミング井戸技術」を使って湛水を処理するコストは、灌漑のコストよりもはるかに高い。この技術は、深層の塩水をかき乱さず、真水と深層の塩水が混じらないようにする技術である。設置費用は井戸の数が増え、井戸と井戸との距離が広がるにつれて高くなるが、その費用は主に、パイプを連結したり、溝を掘ったり、井戸を掘り抜く費用である。

表4-7は、PVC製の掘り抜き井戸を設置するコストの概算であるが、深さ二二メートルの一本の井戸のコストと、四本のスキミング井戸システムで、深さ六メートルのスキミング井戸の間隔が異なる場合の費用が示されている。(8) スキミング井戸技術を使い、四本の井戸で六メートルの間隔を開けた場合、PVC素材の井戸（圧力六kg／cm²）でさえも、単一井戸の技術にくらべてコストが一・九倍になる。井戸の間隔が六メートルから二四メートルになると、設置費用は三・二五倍に増える。井戸の数が四本から六本になると設置費用はさらに高くなる。垂直排水方法は経済的な理由から農民が利用しなかったため、現在は水平排水方法を試

表4-8　パンジャブにおける掘り抜き井戸の増加

（単位：千本）

年	ディーゼル式	電動式	合計
1970	101	91	192
1975	304	146	450
1976	303	167	470
1977	304	196	500
1978	302	233	535
1979	323	262	585
1980	320	280	600
1981	310	300	610
1982	290	333	623

資料：Sidhu.

験中である。この排水設備の設置費用は一ヘクタール当たり平均で一万ルピーから一万二〇〇〇ルピーの間であるが、この金額も普通の農民の手にとどかない。一億ルピーをかけて五〇〇〇ヘクタールの湛水地区を埋め立てる計画が現在パンジャブで、世界銀行の援助を受けて試験的に行なわれている。このプロジェクトはファリードコート、フィーロズプル、バティンダ、サングルールの南西県に散らばる四一カ所の低地で、水平パイプを地中に通す排水システムを建設する計画である。

集約的な灌漑は私的な利益と社会的な利益の対立をもたらしている。湛水は田畑の境界に関係なく起こるものであり、排水は共同体の協力なくしては管理できない。ところが、共同体による資源管理は、緑の革命が私有化を推進するなかで真っ先に破壊された。試験所で試すかぎりは湛水問題の解決策はあるのだが、その解決に必要な資金や社会的な組織を考えると、社会生態的には実現性がない。したがって、パンジャブの水利用をめぐる生態的な葛藤は今すぐには解決できない。

パンジャブの五〇三万八〇〇〇ヘクタールの総面積のうち、四二〇万ヘクタールは農地と推定されている。耕地の八二％は灌漑され、残りの一八％は天水を利用している。灌漑農地の五八％は掘り抜き井戸によって、四二％は用水路によって灌漑されている。灌漑の集約度と規模を高めることによって、緑の革命は自然の条件によって課せられた生産性の限界を超える戦略となるはずであった。しかしながら、土地の生産性を高めるどころか、集約的な水利用は、大部分の地域を水が溜まった不毛の地に変えている。灌漑は地下水に頼っているが、過剰利用によって地下水位は毎年一から一・五フィートの割合で下がっていると推定されている。表4-8[9]はパンジャブの灌漑用掘り抜き井戸の増加数を示しており、図11[10]は、パンジャブの掘り抜き井戸による灌漑が急増している状態を図示している。

パンジャブ水資源局が最近調査したところでは、パンジャブ一一八カ所の開発ブロックのうち六〇カ所は、これ以上掘り抜き井戸の数を増やすことに耐えられない。ほかに三四カ所の開発ブロックは地下水を利用できる限界ぎりぎりの状態である。

地下水を動力で汲み出すことは、緑の革命の種子が管理された水の投入を求めているので重要である。「効率」はエネルギーや馬力によってのみ計算され、水利用を持続してゆけるほど水の汲み出しと補充が調和しているかどうかを考慮したわけではなかった。七・五キロの電気モーターで動かすポンプを使えば、一エーカーの小麦畑を灌漑するのに五時間と一人の労力ですむが、ペルシャ

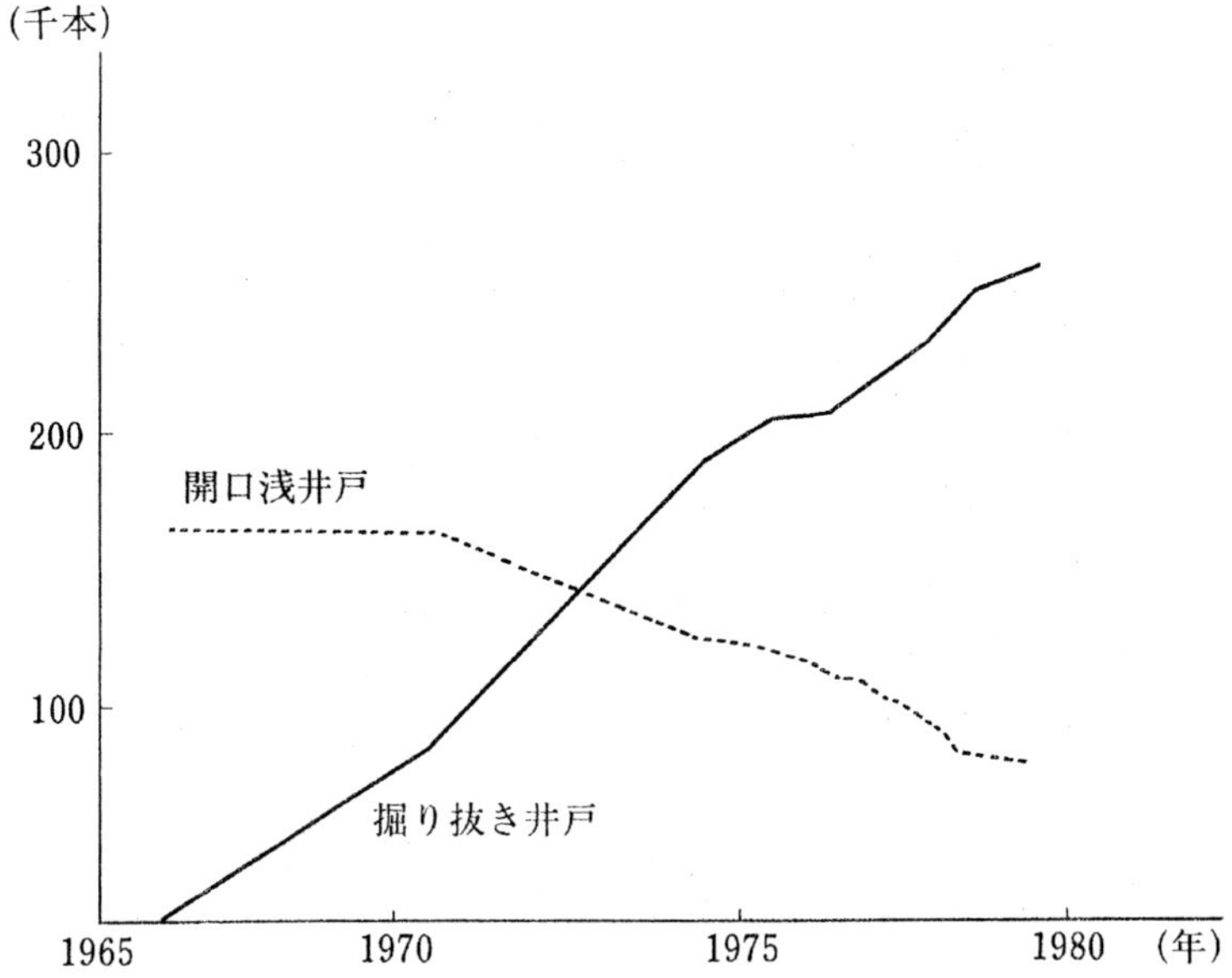

資料：Statistical Abstract of Punjab(1961-79).

図11　掘り抜き井戸と開口浅井戸（パンジャブ州）

水車（一対の雄牛で回す揚水車―訳注）を使うと六〇牛・時間と六〇人・時間を必要とすると推定されている。緑の革命の専門家が決して計算しようとしなかったことは、ペルシャ水車は何世紀にもわたって農業を支えてきたが、動力ポンプは二〇年たらずの間に広大な優良農地を干からびさせようとしていることである。

土地と水の生産性を高めることによって豊作をもたらすという緑の革命の戦略は、このように土地不足や水不足をまねき、新たな争いの種を生みだす戦略に変わっていった。養分と水という点でも、緑の革命の戦略家は、養分と水の循環の軸となっている自然のプロセスから自らを「解放している」という考えをもっていた。彼らは次のように想定した。

『生産された要素』である資本の供給が少なくて、技術水準がまだ萌芽段階である経済発展の初期においては、国の自然資源の基盤は、農業生産高や高い貯蓄率の可能性を決定するような重要なものとして現れる。経済成長にともなって、技術の進歩や、資本の蓄積、国際貿易が行なわれるようになり、生産プロセスは生産高と特定資源の投入との一対一の関係から次第に解放される[11]」。

しかし、パンジャブの経験は、緑の革命でさえも生態的な限界によって拘束されるということ、そして限界を破ろうとすることによって、かえって限界を大きなものにし、さらに大きな欠乏、不安定、脆弱性をもたらすということを痛切に感じさせる。

大型ダムと政治権力の中央集権化

集約的な灌漑システムは大規模な貯水システムを必要とし、大規模なダムは水資源の中央管理を必要とする。新しい種子によって水需要が増えたことで、生態的影響の連鎖反応を引き起こし、他方では地域の水争いの連鎖反応を起こした。インドにおける大型ダムのもっとも重大な影響のひとつは、集水流域が不安定になったことで、貯水池の浸食と沈泥が悪化したことである。一九七二年の灌漑委員会の報告によれば、バークラダムの年間の沈泥率は二万三〇〇〇エーカーフィートと想定されていたのであるが、実際に観測された沈泥率は三万三七四五エーカーフィートであった。想定された沈泥指数は、一〇〇平方マイルの集水流域につき一〇五エーカーフィートであったが、実際に観測された沈泥指数は一五四エーカーフィートであった。

水の需要が増えて、貯水能力が減ったことにより、バークラダムの水源は、ビーアス川のポンダムの水源によって補充しなければならなくなった。一九七七年一二月にビーアス・サトレジ連結プロジェクトが計画され、ビーアス川から七五〇〇キュセックの流量をサトレジ川に流すことによって、バークラダムの流量を増やそうとした。ヒマーチャル・プラデシュ州のビーアス・サトレジ連結水力発電計画は、この地域に大きな環境の変化をもたらした。プロジェクトが一九七八年に終了してから、クル、マンディ、ビラースプル県では微気候（狭い地域内の気候―訳注）が激変した。

パラームプルのヒマーチャル・プラデシュ農業大学の科学者チームが行なった多くの研究から、雨量が年間一〇〇ミリから二〇〇ミリほど減少したことがわかった。水資源を「増やす」ことをめざしたプロジェクトは実際には、集水流域の降雨量を減らして、全体的な降雨量を低下させた。大きな環境の変化が起こったのは、ビーアス川の約四七億一六〇〇万立法メートルの水量をマンディ県のパンドから、約四〇キロにわたって広がるビラースプル県のスラッパーに流すようにしたためであった。パンドから流れた水は、一三・一キロの長いトンネルを通って、一一・八キロに伸びた開水路を通り、サンダナガールから別の一二・三八キロの長いトンネルを通ってスラッパーにたどりつき、ここでサトレジ川に合流する。

トンネルを建設するために爆薬を多用したために、天然の泉や水路が封鎖され、パンドダムの集水流域で飲料水不足が生じた。水不足は樹木を無差別に伐採したり、ダム建設や川の流路を変えるために岩石を爆破したことによっても悪化した。したがって、ビーアス・プロジェクトを実施したにもかかわらず、バークラダムは依然として不安定な流路のままであった。一九八五年夏に、バークラダムに流れずに溜まっている水嵩は一四六二フィートに達した。バークラダムの流入量はおよそ一万キュセックであったが、一九八四年は二万四〇〇〇キュセックであった。水位は一日一フィート以上も低下していた。ビーアス・サトレジ連結プロジェクトはバークラダムに七五〇〇キュセックを運ぶ計画であったが、四〇〇〇キュセックしか運んでいなかった。[12] この大規模ダムシステムの脆弱性は地下への浸潤によってさらに深まった。人工衛星画像によって、ポンダムから水が断層に流れこみ、幅三キロ、長さ四〇キロにわたって浸潤地帯ができていることがわかった。[13]

さらにバークラダムの中央管理はインダス川流域に水不足のみならず洪水をもたらし、そのため近隣州間の水争いや、州と中央の水争いをさらに激しく燃え上がらせた。

一九八四年五月にバークラ幹線用水路がロパールの近くで決壊した。ハリヤナ州はこれを破壊活動と見なし、州知事はパンジャブ領土にある全長二五〇キロの用水路を守るように求められた。一万五〇〇〇キュセックの用水路の能力のうち、ハリヤナ州の割当分は九五〇〇キュセックであり、

資料：*Times of India*, Sept. 29, 1989.

図 12　洪水の被害状況

この決壊によって同州は深刻な水危機に陥った。決壊したバークラ幹線用水路は、ハリヤナ州のシルサ、ジンド、ファテーハバード県のライフラインである。用水路が決壊したので、政府はタンカーで飲料水を緊急に給水せざるを得なかった。ハリヤナ州の作物の損害は二〇億ルピーと推定された。(14)

一九八八年九月に、パンジャブは洪水に襲われた（図12）。一万二〇〇〇村の六五％が孤立し、同州の一〇郡の三四〇万人の住民が被害を受けた。同州の損害はおよそ一〇〇億ルピーと推定された。作物の八〇％が被害を受け、一五〇〇名が死亡したと報じられた。パンジャブ農業大学の専門家が指摘したように、これらの死と洪水は「ほとんどが人災であり、その責任の大半はＢＢＭＢにあった」。バークラ・ビーアス管理委員会（ＢＢＭＢ）はバークラダムの水位をこれまでで最高の一六八七・四七フィートにまで高めたが、これは最大貯水能力を一・五フィートを上回っていた。満水にしたのは、九月一二日のバークラ二五周年記念日に際して首相を迎えるためであった。水量がさらに増した時に、三八万キュセックの水をサトレジ川に放水したのだが、サトレジ川は三〇万キュセックの保水能力に対して、すでに二〇万キュセックの水量が流れていた。同じように、ポンダムからも無警告で水が放出された。パンジャブ農業大学の専門家は「これらの地区の大洪水は雨量によるものだという結論が出されているけれども、全面的に雨によるものではなく、ＢＢＭＢの犯罪的な水管理によるものであり、彼らは二つの川の土手近くに暮らしている数千の住民に何の警告も出さずに数十万キュセックもの水を不用意に放出したからである」と主張した。(15)

バークラのような大型ダムを建設するのは、流水量を安定させ、「気まぐれ」な降雨から農民を守るためであった。しかし、一九八八年に起きたようなパンジャブの洪水は、ダムもまた降雨によって左右され、現実には水を制御するどころか、河川系を不安定にさせるということを思い起こさせる。

気象学者は九月中に一二一ミリの降雨を予測した。しかし、九月二三日から二六日までのたった四日間の四五分間たらずの時間に八五ミリもの雨がバークラに降り、これは気象庁が九月中の雨量として予測した数値に近かった。BBMBはダムを救うためにダムから水を放出したが、その水が人間、動物、植物の生命を破壊した。九月二五日から二八日の間に放出した水は四〇万キュセックで、これは八月全体の二五万キュセックの総放出量のおよそ二倍であった。同じように、同時期のポンダムの放水は七〇万キュセックを超えていたが、前月はわずか一五万キュセックにすぎなかった。二つの貯水池から一〇フィートの高さの滝が流れ落ち、数時間もたたないうちに村全体を押し流したのであった。道路は大海に姿を消した。住民はどうなっているのかさっぱりわからなかったが、それはダムを管理しているのが住民でも州政府でもなく、BBMBであり、このBBMBを管理しているのは中央政府だからであった。この中央集権化は河川体系の生態的な脆弱性をさらに強めた。

集約農業の集約的な水利用のための大規模ダムが生態的な不安定性をもたらしていることに加え、大量の水を使う農業は水の中央管理を必要とした。生態的な脆弱さとパンジャブの灌漑システムの中央管理そのものが、パンジャブに暴力を生みだした。一九八八年一一月七日に、BBMBの委員長がチャンディガルの自宅の外で四人に撃たれて死亡した。殺人事件の背後には、BBMBがパンジャブの洪水の責任官庁として見られていた背景があった。BBMBは中央政府の管理下にあるので、洪水はパンジャブと中央との対立を激化させた[16]。

パンジャブの古い水路システムは州のなかで地域ごとに管理されていた。一九世紀のパンジャブにはデラジョット・サークルとよばれている公共事業局灌漑支部の特別なグループがつくられて、溢流用水路を管理していた。バークラ・システムの開設とともに、新たに水管理の中央集権化が行なわれた。BBMBが設立されることによって、さらに中央管理の形式がととのった。一九六六年のパンジャブ再編成法によってパンジャブ州がパンジャブとハリヤナに分割された時に、河川水の運営管理が中央政府の管轄になった[17]。

この法律によって、中央政府は二つの委員会を設置する権限を与えられた。すなわち、バークラ管理委員会とビーアス建設委員会である。バークラ管理委員会は一九六七年一〇月一日付けで、中央政府によって設置された。委員会はバークラ・ナンガル灌漑および発電施設全体を管理し、運営する仕事をまかされている。委員会の職務のなかには、バークラ・ナンガル・プロジェクトからハリヤナ、パンジャブ、ラジャスタンの各州への給水を管理することが含まれており、パンジャブとラジャスタンは、旧パンジャブ州とラジャスタン州の政府間協定と、旧パンジャブ州から分かれたハリヤナ州とパンジャブ州の協定を尊重する。その職務にはライト・バンク発電所の建設作業を継続することも含まれている。

委員会は中央政府が任命した専従の委員長と二名の専従委員によって構成されている。他にパンジャブ、ハリヤナ、ラジャスタンの各州と、ヒマーチャル・プラデシュの連合地域の各政府が任命しているそれぞれの政府代表と、二名の中央政府の代表がいる。

同法では、委員会は中央政府の管理下におかれ、中央政府によって与えられた指令を守らなければならない。さらに、中央政府は、委員会が職務を果たすことができるように、関連州に指令を発令する権限を与えられており、各州は中央から出される指令を遵守しなければならない。

パンジャブ州を言語によって分割したために、ビーアス・プロジェクトの建設は、分割された二州（パンジャブ州とハリヤナ州）とラジャスタン州にかわって、中央政府が引き受けた。建設費用は関連州がもつことになった。プロジェクトの建設目的を果たすために、一九六六年パンジャブ再編成法は中央政府に権限を与え、プロジェクトの建設を推進するために、関連州に強制的な指令を発令できるようにした。プロジェクトの各段階が終了した時点で、バークラ管理委員会に移管された。したがって、プロジェクト全体が完了すれば、バークラ管理委員会の管理下におかれて、この委員会の名称はバークラ・ビーアス管理委員会となる。

中央管理の発想は、ネルー首相が一九四八年七月三日に公共事業・鉱業・電力省の大臣に送った書簡で示した提案に端を発していた。

「バークラ計画は緊急性のある大規模な計画であり、他の計画よりも緊急性が高い。これまでのところでは、この計画は断続的にしか実行されておらず、私が驚くのは、中央政府が全資金を出しているにもかかわらず、ほとんど何もしていないことである。これはまったく不満なことであり、我々が大きな発言権をもたないかぎりは、計画に資金を出せないことを明確にすべきであると考える。東パンジャブ政府は巨額の負担を負わなければならないが、事の性格上、彼らは中央政府ほど効果的に役目を果たすことができない[18]」。

このように巨大プロジェクトは権力を中央に集中しがちであり、連邦を構成する地域が権限を失ったことが紛争の原因となった。BBMBを通じてパンジャブ河川系の中央管理をさらに強めたのは、インディラ・ガンジーが一九七六年の非常事態時と、一九八一年に政権に返り咲いた後に再び行なった用水割当の変更であった。中央政府は一九五六年の州間水紛争防止法を改正して、一九八六年に州間水紛争防止（改正）法を導入することによって、中央政府による水資源の管理をさらに強めた。

灌漑事業は一九五〇年に制定されたインド憲法により州管轄事項として扱われている。州間の水紛争を解決するために、インドの憲法起草委員会は当初、一九三五年の法律と同じ条項を取り入れていた。しかし、後に、議会は一九五六年に州間水紛争防止法を制定した。この法律は、州政府から仲裁の要請があり、さらに中央政府も話し合いで紛争を解決できないと判断した場合に州間の水紛争を解決するため、中央政府が審判所を組織することを定めている。当初、この法律は現職あるいは退官した最高裁判所あるいは高等法院の判事のなかから、インドの司法長官が政府にかわって任命した一人制裁決機関を規定していた。後に、この法律が改正されて裁決機関の人数が増え、最高裁あるいは高等法院の現職判事三名となった。

一九八六年の州間水紛争防止（改正）法は、州に対する中央政府の権限をさらに強化する法律と見なされた。それ以前の法律では、関連州の一つがこの件を中央政府に委ねなければならなかった。改正法では、関連州の一つが委託しなくても、中央政府が水紛争の調停を行なうことができることになった。

州間の水争いと難しい公平な配分

パンジャブは五つの川をもつ州であり、過去四〇年にわたって水争いに悩んできた。政治と水の分配はこの地域では密接にからんでいる。一方においては、パンジャブ州の政治的分裂が水の分配をめぐる争いをもたらした。他方においては、水管理の中央集権化がこうした争いを激化させた。水争いが激化したもう一つの原因は、緑の革命の農業で水の需要が高まったことである。この章ではパンジャブ州の政治的分裂がいかに争いをつくりだし、新しい種子の水需要のために水の分配の中央管理を高めたことがいかに水争いを深めたかをたどる。

パンジャブ州は半世紀もたたないうちに二度にわたって政治的に分裂した。最初にこの地域が宗教がもとで分裂したのは一九四七年の国家分裂の時で、西パンジャブはパキスタンの領土となり、東パンジャブはインドの領土となった。一九六六年に言語がもとで再び分裂し、パンジャブとハリヤナ州が旧パンジャブ州から分かれて結成された。こうした対立と集約農業による水需要の増加が、パンジャブ、ハリヤナ、ラジャスタンの三州の間や、パンジャブと中央の間でパンジャブの河川をめぐる争いを激化させた。

一九四七年の国家分裂時にインダス川の水の分配をめぐる争いがもちあがった。分裂前のインダス川流域の九六〇万ヘクタールの灌漑地のうち、八〇〇万ヘクタールがパキスタンの領土になり、一六〇万ヘクタールがインドの領土となった。世界銀行の仲介でインドとパキスタンの両政府の交渉が長々と続き、一九六〇年にやっとインダス河川条約が結ばれた。(19) この条約のもとでは、東側のサトレジ、ラビ、ビーアス川の $3.1\times10^{10}m^3$/年 の水をインドに割り当てるかわりに、インドは西側の河川の水をパキスタンに引き渡すことになった。インダス河川条約を完全履行した後のインダス河川の配分は、同地域の他の三つの河（インダス、ジェラム、チェナブ）の $17.9\times10^{10}m^3$/年 となるが、これにくらべて一九六〇年代の水路の配分は $9.8\times10^{10}m^3$/年 であった。これ以前の一九五五年に開催された「ラビ川とビーアス河川の開発と利用」に関する州間会議をもとにして、インドの中央政府はこれらの河川の余剰分の一五八五万エーカーフィートを、以下のような実際の分割前使用量に加えた。(20)

東パンジャブ	七二〇万エーカーフィート
ラジャスタン	八〇〇万エーカーフィート
ジャム・カシミール	六五万エーカーフィート

インダス河川条約は、インダス河川の分配をめぐるインドとパキスタンの紛争を解決したけれども、パンジャブ、ハリヤナ、ラジャスタンの紛争は多くの協定が結ばれたにもかかわらず、ますます手に負えなくなってきた。パンジャブ、ラジャスタン、ハリヤナ間の紛争はさまざまな次元で起こっている。水の使用量、各州の公正な分け前、分配の形態などをめぐる争いである。

三州でラビ川とビーアス川の水を配分し、活用するために、貯水池と用水路の建設が必要であった。多目的の枠組みをもったビーアス・プロジェクトとよばれる大プロジェクトが三州によるラジャスタン共同事業として企画された。プロジェクトを構成する二つの事業のひとつはポンのビーアスダムであり、もうひとつはパンドダムから給水するビーアス・サトレジ連結用水路である。ポンダムの建設は、ハリケ堰から出ているラジャスタン用水路の六五五万エーカーフィートの水をビーアスで貯めておくために必要であった。ラジャスタン用水路は全長六九二キロで、満水時流量は五二八キュセックであり、世界でも最大の灌漑用水路である。完成時には、タール砂漠の八〇〇万ヘクタールの干上がった土地を灌漑することになる。ビーアス・サトレジ連結プロジェクトは、発電と灌漑を兼ねたプロジェクトであり、その目的は、ビーアス川のパンドダムから三八〇万エーカー

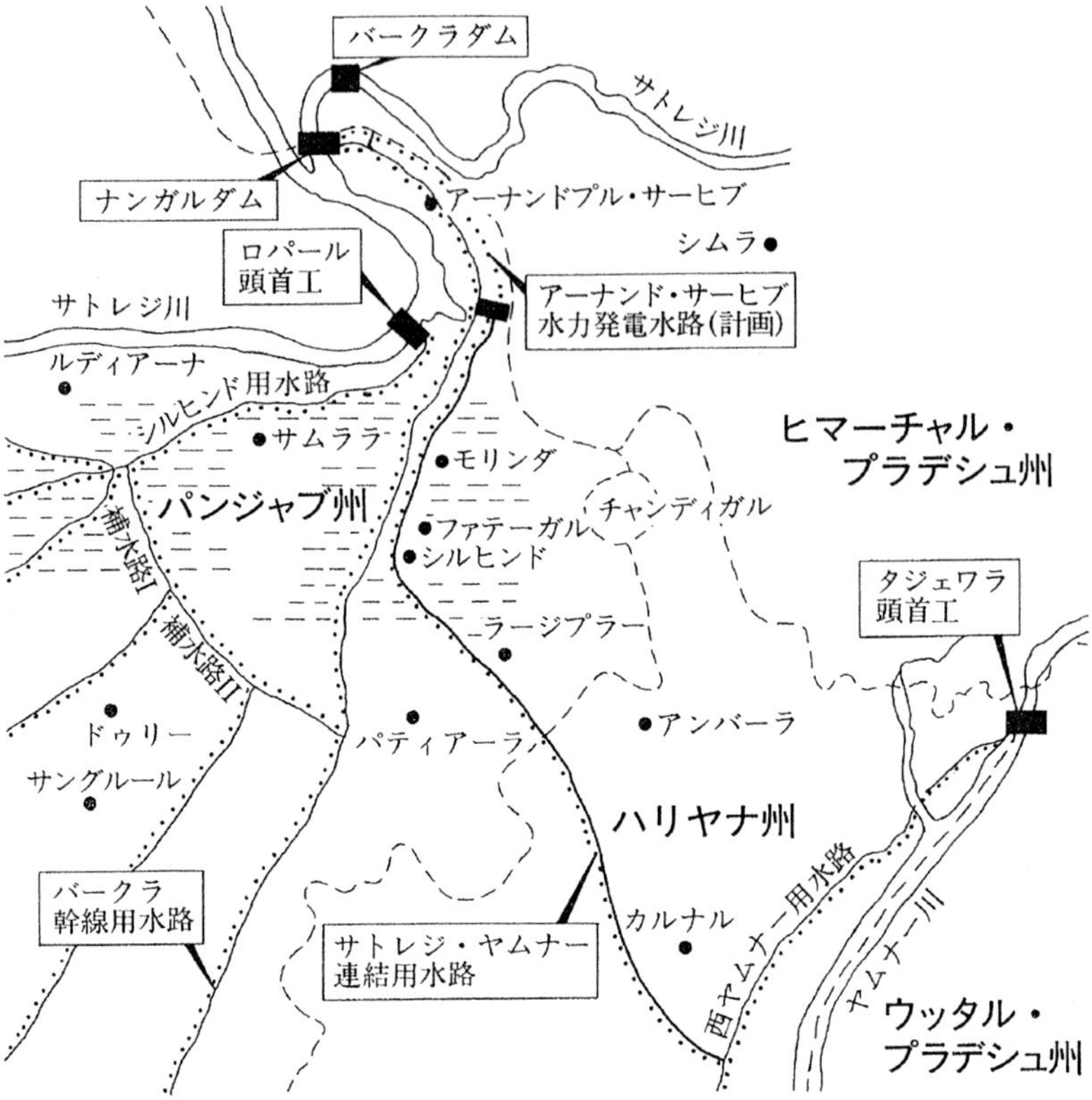

資料：*India Today*, Nov. 30, 1985.

図 13　3 州の水資源開発

フィートの水をサトレジ川に流して、そこからさらにバークラ湖に流すことである。この水の一部は、サトレジ・ヤムナー連結用水路（ＳＹＬＣ）を通って、ハリヤナに流されることになっている（図13を見よ）。

パンジャブがパンジャブとハリヤナに分割された後、それぞれ水量の割り当て分をめぐって二つの州で争いが起こった。ハリヤナ州は旧パンジャブ全体に割り当てられた七二〇万エーカーフィートのうちの四八〇万エーカーフィートを要求し、パンジャブは全水量を要求した。パンジャブが全水量を要求したのは二つの理由があった。①河川はパンジャブを通っている。②河川水はすべて水路系を通って灌漑に利用されるが、水路系はすべて分割後のパンジャブ州のなかにある。パンジャブ政府はハリヤナの技師がパンジャブの特定地域を調査することを認めなかった。一方、ハリヤナ州は、中央政府がパキスタン側に補償金を支払ってラビ川とビーアス河川の余剰水を獲得したのだから、パンジャブ州にはこの問題については提訴権はないと主張した。ハリヤナ州はその主張を「ニーズと公平の原則」においている。パンジャブとハリヤナがラビとビーアスの河川水の分配問題でいかなる合意にも達することができなかったため、ハリヤナ政府はインド政府に通告し、一九六六年パンジャブ再編成法の七八項（１）の規定にしたがって、中央政府が水の配分を決定するように要求した。この条項は、バークラ・ナンガル・プロジェクトとビーアス・プロジェクトの権利と責任の分担を定めている。同法の七八項は以下のように定めている。

「この法律に含まれるいかなる内容にもかかわらず、七九項と八〇項にしたがって、バークラ・ナンガル・プロジェクトとビーアス・プロジェクトに関連する現パンジャブ州のすべての権利と責任は、指定日において、定められた比率で後継の諸州のものとなり、前述の諸州が中央政府と協議したうえで署名する協定によって行なう調整にしたがい、そのような協定が指定日の二年以内に達成できない場合は、中央政府がプロジェクトの目的を考慮して、命令により決定する調整にしたがう[(21)]」。

紛争を解決するために、事実究明委員会と企画委員会の介入、中央水利委員会の委員長による勧告が行なわれた。ついに中央政府は一九七六年三月二四日に、一九六六年パンジャブ再編成法の七八項にしたがって、ラビ・ビーアスの余剰水の分配について命令を出した。それによって、三五〇万エーカーフィートの水がハリヤナ州に割り当てられ、旧パンジャブ州に割り当てられていたラビ・ビーアスの余剰水の七二〇万エーカーフィートのうち、残った三五〇万エーカーフィートを超えない水がパンジャブ州に割り当てられ、二〇万エーカーフィートがデリー給水公社のためにとっておかれた。

この決定は非常事態の最中に下されたもので、パンジャブの住民や政府は反対した。この決定に対する反対の声はアーナンドプル・サーヒブ決議（シク教徒の聖地アーナンドプル・サーヒブで決議されたもので、地方分権化要求が柱となっている—訳注）となって、一九七八年にパンジャブのアカリ党のルディアーナ大会に提出された。アーナンドプル・サーヒブ決議の二項は以下のような内容である。

2(a) 頭首工の管理権は今後もパンジャブに与えられるべきであり、必要であれば、再編成法を修正すべきである。

2(b) 非常事態中にインディラ・ガンジー首相がラビ・ビーアスの水の配分について下した独断的で不当な裁定を、普遍的に認められている基準や原則にもとづいて改正し、それによってパンジャブを公正に扱うべきである。[22]

一九七七年に、国民会議派は総選挙に敗れたが、それは非常事態が大きく響いた結果であった。その当時のパンジャブ政府はアカリ・ダル党が率いていたが、ラビ・ビーアスの水の配分を増やすよう通告の見直しを求めた。一方、ハリヤナ政府は最高裁に請願書を提出し、なかでも、パンジャブにSYLCのパンジャブ州部分の建設を迅速に着工するよう命令を出し、中央政府がパンジャブとハリヤナに同じ三五〇万エーカーフィートのラビ・ビーアスの水を割り当てた一九七六年の通告が最終決定であり、拘束力をもつということを宣言するよう要求した。パンジャブもまた最高裁に訴えて、ラビ・ビーアスの余剰流量を二つの州に割り当てた一九六六年のパンジャブ再編成法の七八項、さらには一九七六年の通告の合憲性に異議を唱えた。この裁判はさらに紛争の解決を遅らせた。

ジャナタ党の分裂、下院の選挙、ガンジー夫人の中央政権復帰と続いて、過半数の支持を得ていたパンジャブのアカリ・ジャナタ連合が排除されて、大統領の直轄統治となった。それから間もなく、パンジャブ議会の選挙が行なわれて、国民会議派が勝利した。いずれも国民会議派が支配していたパンジャブ、ラジャスタン、ハリヤナの三州間で交渉が始まり、パンジャブとハリヤナ州が提訴した訴訟は、ガンジー首相が新しい国民会議派の州首相に命じて、撤回させた。一九七六年の命令にかわって、ハリヤナ、パンジャブ、ラジャスタンの州首相は一九八一年一二月三一日に協定に調印した。この協定によって、ラビ・ビーアスの余剰水量は新たに一七一七万エーカーフィートと計算されたが、この根拠となっているのはビーアス・プロジェクト報告の一九二一年から六〇年までの一連の流量であり、これに対し一九二一年から四五年までの流量は一五八五万エーカーフィートであり、これが一九五五年の水の割り当ての根拠となっていた。パンジャブ、ハリヤナ、ラジャスタンの州首相は一九八一年一二月三一日に、一七一七万エーカーフィート（流水量と貯水）の主要な給水を以下のように再配分することに合意した。

パンジャブ州の取り分	四二二万エーカーフィート
ハリヤナ州の取り分	三五〇万エーカーフィート
ラジャスタン州の取り分	八六〇万エーカーフィート

デリー給水公社に取っておく量　二〇万エーカーフィート
ジャム・カシミール州の取り分　六五万エーカーフィート
合　計　一七一七万エーカーフィート

三州の州首相はさらに、ラジャスタン用水路（現在はインディラ・ガンジー用水路とよばれている）によってラジャスタン州が取り分を完全に利用できるようになるまでは、パンジャブ州は、ラジャスタン州の必要量を上回る余分な水を自由に利用できるということにも合意した。したがって、この時期に、パンジャブの取り分は四八二万エーカーフィートとなる。しかし、ハリヤナ州の取り分はそのままであった。

ハリヤナ州のバジャン・ラル州首相はこれに抗議したが、ガンジー首相が協定に第四条を盛り込んで、遅くとも一九八三年一二月三一日までに、パンジャブ領土に六五〇〇キュセックのSYLCを建設することを義務づけたので、態度を軟化した。協定はさらに一九八一年三月三一日までにパンジャブ部分の用水路の路線設定を終了することも規定した。これが実行されない場合、中央政府の責任で実行することになり、すなわち遅くとも四月中頃までに路線設定を終了することになったので、中央の決定がパンジャブとハリヤナの両方を拘束することになった。バジャン・ラル州首相が強く主張して、SYLCのすでに路線設定が終了している部分については、協定調印後一五日以内に着工するという条件が加えられた。SYLCの建設作業の監視は、中央政府が行なうことになった。パンジャブ州は土地をSYLCに没収される家族の苦難などのようなさまざまな問題を提起した。ハリヤナ州は、いかなる理由があろうとも、パンジャブがSYLCの建設を遅らせないという条件で、こうした家族の適切な再定住の費用を負担することに合意した。

協定にこうした条件をすべて盛り込んで、バジャン・ラル州首相は協定に署名し、インディラ・ガンジー首相は一九八二年四月八日、正式にパンジャブのカプーリ村でSYLCの建設工事に着工した。その翌日、パンジャブのアカリ党は、SYLCの建設を阻止するために扇動行動を始めた。その結果、アカリ党の指導者であるハルチャンド・シング・ロンゴワルは、用水路の掘削を阻止するための「用水路阻止」を意味する「ナハール・ロコ」とよばれる運動を始めた。一九八六年三月に、政治団体のダムダミ・タクサルは、すでに掘削されていたSYLCの一部を埋め戻すために「カール・セバ（労働奉仕）」運動を始めると発表した。この動きは一九八五年七月にラジーブ・ロンゴワル協定（ラジーブ・ガンジー新首相とロンゴワル総裁との間で成立した協定―訳注）が調印されたことに反発したもので、協定のなかでロンゴワルはアカリ・ダル党が一九八六年八月一五日までにSYLCを完工することを約束していた。同ロンゴワル協定の第九条は川の水を共有することのみを目的とする条項で、以下のように述べている。

第九条の一　パンジャブ、ハリヤナ、ラジャスタンの農民は、一九八五年七月一日時点でラビ・ビーアス水系から得ている水量を下回らない水を今後も利用する。飲料目的で使われる水も影響を受けない。使用量の要求は、以下の第九条の二で言及している審判所が確認する。
第九条の二　残っている水のパンジャブとハリヤナの取り分についての要求は、最高裁判事が統轄する審判所の裁決に委ねる。この審判所の裁決は六カ月以内に出され、両当事者を拘束する。この件について求められる法的および憲法上のすべての措置は迅速にとられるものとする。
第九条の三　ＳＹＬＣの建設工事を継続する。用水路は一九八六年八月一五日に完工する。(23)

河川紛争を解決するためのラジーブ・ロンゴワル協定そのものも、新たな争いの種になった。ラジャスタンとハリヤナはともに、この協定は州間紛争の実際の当事者である両州の役割を侵害していると感じた。Ｖ・バラクリシナ・エラディ判事が率いる審判所は、一九八六年一月二四日に発布されたラビ・ビーアス河川水裁判政令によって設立された。一九八六年三月三〇日に政令は破棄され、新たに可決された法律は、一九八六年州間水紛争防止（改正）法とよばれた。一九五六年の州間水紛争防止法を改正したこの法律を中央政府が必要としたのは、旧法では中央政府は、関連州のひとつがその件を中央に委ねないかぎりは、河川紛争で裁定を下すことができなかったからである。ラジャスタンとハリヤナ州にとっては、パンジャブ協定と州間水紛争防止法の改正は、中央による州自治権の侵害を意味した。
ラジャスタンは中央とアカリ党が結んだ協定のなかの河川水分配についての条項を受け入れることを拒否した。反対派の指導者は、河川水問題を扱っている協定の第九条を、ラジャスタンの利益に対する「直接攻撃」であると述べた。反対派の指導者は「パンジャブという一カ所で火を消しても、ラジャスタンで火をつける結果になるだけだ」と警告した。彼らは中央に新しい権限を与える州間水紛争防止法の改正に反対した。ラジャスタンの州議会では、反対派は新しい法案に抗議し、これを「中央政府とパンジャブ政府の共謀行為」であるとよんだ。ジャナタ党のナナク・チャンド・スラナ氏は、州間水紛争防止法の権限のもとで新たな審判所を設定することは、危険な結果をともなうと語った。新たな法案のもとでは、中央政府は全権を握り、河川水の分配についてどのような変更も行なうことができた。なぜなら、この審判所で出た裁決は、最高裁判所においても争うことができないからである。この点がエラディ審判所と異なるところで、エラディ審判所の決定は最高裁判所で争うことができた。反対派は、審判所の任命についての州の発言権を否定するような旧法の改正は、連邦制度に反するものであり、「憲法を冒瀆」していると非難した。[24]

ハリヤナでは、ラジーブ・ロンゴワル協定がきっかけで「ハリヤナ・サンガルシュ・サミティ（ハリヤナ州闘争委員会）」が創設されたが、これは「ラジーブ・ロンゴワル協定を結ぶことによって、連邦政府に売り渡されたハリヤナ州の利害を守り、確保するため」の組織であった。デービー・ラールが率いる闘争委員会は、「ラジーブ・ロンゴワル協定」を中央政府がパンジャブの利害に完全に降伏したものであり、まったく反ハリヤナ的な協定であると非難し、一九八六年三月二三日に開催された「サマスト・ハリヤナ・サンメラン」とよばれる大衆集会で、河川水の分配に関する協定の第九条の廃棄を要求した。[25]

パンジャブでは、バダールが率いるアカリの反乱分子はバルナーラーの率いる政府が中央と結託していると見なしたが、バルナーラー政府自体は、水紛争を解決するために設立されたエラディ審判所に協力することに不満であった。エラディ審判所がラビ・ビーアス水紛争に裁決を下すことになった時に、パンジャブ州の政党は、この裁決に対して大衆運動を起こすことを決定した。アカリ・ダル（バダール派）は、エラディ審判所が下すいかなる裁決にも反対する「大衆運動」を始めることを決定した。長文の決議で、運営委員会はエラディ審判所に委託するという条件は沿岸権原則を除外していると述べた。この差別によってパンジャブ州には、州にある河川の三二〇〇万エーカーフィートのうちわずか五二〇万エーカーフィートの水しか残されなかった。決議文は「我々はほかの州から水を奪うつもりはないが、他州が得ることができるのは、パンジャブが必要量を満たした後に余った水のみである」と主張した。決議文はさらに、現在の諮問事項では、審判所の裁定はパンジャブの将来のニーズと無関係なものになるだろうとつけ加えた。決議文は一九五五年以降につくられたすべての水協定の破棄を要求した(26)。

決議文は、中央が諮問事項にパンジャブの沿岸権を盛り込まないなら、党と州民がバルナーラー政府に圧力をかけて、審判所の審議をボイコットさせることを党は望むと述べていた。パンジャブの水争いはこのようにして、ますます手に負えないものになった。パンジャブ、ハリヤナ、ラジャスタンはいずれも協定とエラディ審判所には不満であった。どの州も河川水の分配について中央と州の紛争に巻き込まれ、しかも州間の争いはさらに深まっていった。パンジャブではSYLCの建設を阻止するために全力を尽くしていたし、ハリヤナ州ではＳＹＬＣを建設することが政治の焦点であった。

全長二一三キロの用水路は、ラビ・ビーアス両河川のハリヤナの取り分の水を使って、三〇万ヘクタールの農地を灌漑して、緑の革命の農業を行なうことが目的であったが、この計画は政治的などろ沼にはまりこんでいる。用水路の建設費用は一九七六年の当初の四億六〇〇〇万ルピーから、一九八八年の四五億六〇〇〇万ルピーにはね上がった。すでに三六億二五八〇万ルピー以上が支出されているが、用水路は完成にはほど遠い。

一九八六年一〇月に、ＳＹＬＣの起点となるパンジャブのロパール県で怒り狂った農民が灌漑省に、このプロジェクトの作業を事実上放棄させてしまった。一九八八年五月には用水路のプロジェクト現場のひとつで三〇名のビハール州からきた労働者が殺された。

農民たちは、ＳＹＬＣ反対運動の中心であるロパール県パーサリ・ジャッタン村で座り込みをしたが、彼らはＳＹＬＣによって豊かな土地が奪われるか、あるいは水浸しになって、破滅するのではないかと心配していた。現在の路線設定によれば用水路は、バークラの幹線用水路に並行して、アーナンドプル・サーヒブに近いローハンド・クハッドから、モリンダに近いビーラ・マジリまでの六七キロに及ぶ。用水路が通過することになっているロパール、モリンダ、クラリ、クハラール、モハリ、チャンディガルの土地は、パンジャブのなかでももっとも肥沃な土地であり、用水路は一二〇〇世帯に被害を与えることになる。これらの世帯のうち、三〇〇世帯は住む家を失い、他に七〇〇世帯の保有地が経済価値を失うものと思われる。この地区から選出されているラビ・インデル・シング議長は語る。「この用水路によって、こうした家族は完全に破滅してしまうだろう。我々のこれまでの経験から、ほとんどの農民は補償金として獲得した金を使い尽くしてしまう。彼らは他の職業には向かない[27]」。

これはバークラ幹線用水路を建設するために土地を奪われた多くの家族が貧乏人となってしまったのだから、現実の問題なのである。立ち退かされた数名の農民は麻薬中毒者になり、多くの農民がアルコール中毒者になった。

立ち退きを迫られているスタープル村のカルネイル・シングは次のように報告する。

「我々は一六エーカーの土地を受け継いだが、そのうちの八エーカーがバークラ幹線用水路のために没収された。政府は残りの八エーカーも没収すると言っている。かわりの土地がないので、我々は前にもらった補償金を適切に使うことができなかった。今度の金も使い道がない」。

農民は同じように、用水路による湛水を心配している。彼らはロパール、ルディアーナ県のサムララ郡、パティアーラ県のファテーガル・サーヒブ郡の一三〇〇から一五〇〇村が、SYLCの建設によって湛水の影響を受けるだろうと計算した。「我々の土地が塩害に見舞われたなら誰が我々を救ってくれるのか？」とドームチェリ村のジャーネイル・シング村長は尋ねた。[28]

農民の意見に数名の専門家も賛成している。アカリ党とジャナタ党の連合政府は、シワリク丘陵に沿って用水路を掘る計画であった。ルディアーナのパンジャブ農業大学の水資源専門家であるH・L・ウッパル博士が提出した報告は、丘陵に沿った用水路のほうが農民にとって役に立ち、生態的な破壊が少ないことを示唆していた。ウッパル教授によれば、伝統的にパンジャブの用水路は雨水の自然な表面流出に沿ってつくられており、用水路は自然の排水形態の働きに合せていた。大規模に流域内で水を運搬するには、地域の等高線を越えるような地域横断的な流れが必要となる。ラジャスタン用水路とSYLCはそのような地域横断的な用水路である。このような用水路は、用水路が横断する地域の雨水の表面流出を妨害する。横断的な排水路は流域でせき止められた雨水の表面流出にたいていは対処することができない。そのために湛水という問題が生じる。ウッパル教授は次のように述べている。

「農業、道路、建物、公衆衛生施設などに影響を与える湛水や塩害は、横断的な運河が通っているファリドーコート、バティンダ、ムクトサル、コトカプーラ、フィーロズプル、ファジルカ、ジャララバード県などの南パンジャブで起こっていた。すでに数千万ルピーを排水用水路につぎ込み、さらに地区の排水装置を追加建設して、全国横断用水路を建設することの悪影響を軽減しようとしているが、それでもまだ解決策は見えていない」[29]。

ウッパル教授はSYLCでも同じような問題が起こることを予想していた。SYLCはサトレジ川の六五〇〇キュセックの水をヤムナー水系に流し、パンジャブの取り分として九〇〇キュセックの灌漑用水を同州に流し入れることを予定している。SYLCはナンガル水力発電用水路の左側に沿って、ロパールまで流れる。ロパールからハリヤナ境界のカプーリまで、用水路は横断的に流れる。

ウッパル教授は、この路線設定の短所は以下のようなものであると述べている。

一、路線設定の北側の流域はかなり広いので、したがって表面流出も多い。大規模な排水施設を建設しなければならない。一〇〇カ所の横断的な排水施設はさらに生態系を破壊するであろう。排水施設からの流れはバークラ用水路の安全性に影響を及ぼすことがあり得る。

二、大きな表面流出が阻害されるために、湛水がSYLCの北側に起こる。

三、SYLCとバークラ用水路の間のそれほど広くない地区がはさまれて、そこの排水が集まる。(30)

ウッパル教授は、シワリク丘陵からパティアーラキラオとジャインタ・デヴィキロアを通る別の路線設定を提案した。この路線設定であると北側が高くなるので、丘陵からの表面流出に対処し、その麓の地域を破壊から守るのに効果的であろう。湛水の被害も少なくなり、肥沃な地域の農民が土地を奪われることもない。しかし、代替配置案が無視されたのは、すでに投資が行なわれていたからであった。灌漑省はSYLCと連結するアーナンドプル・サーヒブ水力発電事業のナキア水位調整工に六七MWの発電タービンを設置していたので、路線設定を変えればタービンは不要となり、三〇億ルピーをかけたアーナンドプル・サーヒブ事業の効用が著しく損なわれることになる。彼らは旧バークラ用水路に隣接している現在の路線設定のほうが、地下水、橋、小川の水路などの既存の調査結果を利用できるので、都合がよいことを指摘した。しかし、役人でさえもパンジャブ農民の懸念が現実のものであることを認めている。

しかし、SYLCをめぐるパンジャブ・ハリヤナの対立はたんなる路線設定をめぐる問題ではない。この対立は、爆発的に水需要が増えている状況下で、河川水の分配をめぐる大きな紛争の一部にすぎない。二〇年たった今では、紛争は水の分配方法のみならず、分配する水量をめぐる紛争となっている。

水の分配が難しいのは、水は流れており、静止している資源ではないからである。パンジャブの河川の場合は、これはたんなる水ではなくて、止まることなく流れてきた水のデータである。一九五五年の協定で、余剰分は一五・八五MAF（一MAFは一〇〇万エーカーフィート―訳注）と評価された。一九八一年の協定では、この数字は一七・一七MAFに増えた。エラディ審判所における議論のなかで、審判所が委任した灌漑の専門家がパンジャブの河川にはこれまで考慮されてこなかった二MAFの水が流れ込んでいることを発見したことをパンジャブ政府は知った。パンジャブはこの数字を認めなかった。こうした対立するデータベースが水紛争の問題をさらに複雑にしていた。

一九八五年七月一日の時点で使用されている水量を立証することに加えて、審判所は残っている水からパンジャブとハリヤナの配分を決定しなければならなかった。審判所はその日の時点でラジャスタンが使用している水量も立証することになっていたが、諮問事項からも明らかなように、ラジャスタンの配分についてはふれることはなかった。

パンジャブとハリヤナはどちらも、その特定日における水の使用量についての相手の主張に異議を唱えた。パンジャブ、ハリヤナ、ラジャスタン間で結ばれた一九八一年の協定によれば、ラビ・ビーアス河川の余剰水の一七・一七MAFのうち、パンジャブは四・二二MAF、ハリヤナが三・五MAF、ラジャスタンが八・六MAF、デリー給水公社が〇・二MAF、ジャム・カシミールが〇・六五MAFを割り当てられていた。しかし、パンジャブ灌漑省が入手した数字によれば、パンジャブは一九八五年七月一日の時点で四・〇六七MAFを使用しており、ハリヤナは一・三三一MAFを使用していた。年平均に換算して、パンジャブは五・五五三MAFの使用量を主張した。ハリヤナの灌漑・電力省のシャムシェール・シング・スルジェワラ大臣はパンジャブの主張に異議を唱え、パンジャブが使っているのは二MAFたらずであり、ハリヤナは一・五MAF、ラジャスタンは三・五MAFを使用していると主張した。

その特定日に利用できる総量はおよそ一〇MAFであった。こうした主張は審判所で立証されることになっている。しかし、重要なのは年間に利用できる総量であり、かなりの混乱が起きるのもこの点である。一九八一年の協定によれば、ラビ・ビーアス川の総余剰水は一七・一七MAFであ

表4-9　ラビ・ビーアス川余剰水の分配と利用

（単位：MAF＝百万エーカーフィート）

年	1980-81		1981-82	
ラビ・ビーアス川余剰水	11.442		13.004	
分　配	割　当	利　用	割　当	利　用
パンジャブ	3.135	3.991	3.599	3.843
ハリヤナ	2.267	1.672	2.600	1.939
ラジャスタン	5.190	4.104	5.955	4.951
ジャム・カシミール	0.650	0.300	0.650	0.300
デリー	0.200	0.370	0.200	0.428
合　計	11.442	10.437	13.004	11.461
貯水池の収支	—	0.410	—	0.940
フィーロズプルの下流の損失	—	0.595	—	0.603
総　計	11.442	11.442	13.004	13.004

り、この数字は分割前の使用量の三・一三MAFとマドホプル・ビーアス連結による移送ロスの〇・二五MAFを差し引いた量である。しかしながら、パンジャブ灌漑省によれば平均一一MAFという信頼すべき利用可能な量を考慮すると、その数字は架空の数字となる。

一方、ハリヤナ灌漑省の数字では、一九八〇・八一年に利用可能な総量は一一・四四二MAFであり、一九八一・八二年は一三MAFであった。一一・四四二MAFのうち、パンジャブは三・一三五MAFの割り当てに対して三・九九一MAFを利用し、ハリヤナは二・二六七MAFの割り当てのうちの一・六七二MAF、ラジャスタンは五・一九MAFに対して四・一〇四MAFを使用していた。その年にマドホプルを通ってパキスタンに流れる下流の流水量は一・三〇六MAFで、フィーロズプル下流の流水量は〇・五九五MAFであった。一九八二・八三年に、パンジャブは割り当て分の三・五九九MAFに対して三・八四三MAFを利用し、ハリヤナは二・六〇MAFのうちの一・九三九MAF、ラジャスタンは五・九五五MAFのうちの四・九五一MAFを利用した。一九八三・八四年の間に、パンジャブは五・四五九MAF、ハリヤナは一・四三三MAF、ラジャスタンは五・四九一MAFを使った。

したがって、実際に利用できる余剰水は、一九八一年に算定された一七・一七MAFよりもはるかに少ないことは明らかである。たとえ、信頼できる利用可能水量の平均が一三MAFで、ラジャスタンの八・六MAFをそのまま維持するとしても、パンジャブとハリヤナにはほとんど何も残らない(31)。

したがって、パンジャブの立場から見ると、ハリヤナの残りの取り分をパンジャブから運ぶことになるSYLCの必要性が問われなければならないことになる。ハリヤナの指導者は、たとえ実際には三・五MAFが利用できないにしても、連結用水路事業の根本理由である三・五MAFの割り当てをそのままにしておくことを主張している。専門家はたとえ一九八一年の割り当てをそのままにしたところで、ハリヤナは六五〇〇キュセックの最大容量まで用水路を利用することができないと主張している。流水量は毎年変わっているので、ハリヤナの割り当ては二・五MAFから三MAFまでの幅がある。

新たな紛争がパンジャブに起こったのは、川の流水量が静止していると仮定しているからである。実際には流水量は時とともに変化しており、たいてい流水量が下降しているのは、緑の革命の農業における集約的灌漑のための水利事業とエネルギー投入のために生態系が破壊されるからである。資源のインプットが集中すると、水資源の中央管理の必要性も高まる。パンジャブの河川水についての対立を分析すると最終的には、州間の水の分配の問題にとどまらず、州と中央との権力配分の問題であることがわかる。一九八二年にロンゴワルが述べたように、アーナンドプル・サーヒブ決議は、インドにおける権力集中の傾向を覆すことをめざしていた。

パンジャブの河川紛争の体験が実証したことは、水の公正な配分とは、不変の資源ストックを、不変のニーズに配分するという問題ではないということである。というのは資源も需要もどちらも不変ではないからである。すべての関係当事者が不公平な体験をもつのは、資源が流動的であり、緑の革命によって水の需要が爆発的に増え、資源とその管理を要求する政治的関係者もまた変わるからである。水は、緑の革命が行なわれた県における経済的および政治的権力の配分にかかわる重要な要素となった。

パンジャブはインドでも最大の灌漑農地をもっており、緑の革命が普及するにつれて、水の集約的使用もまた広がった。それでも喪失感と欠乏感がある。河川水の管理と使用をめぐる紛争が複雑な問題であることはきわめて明白である。水管理技術によって水の配分を変える権限が強まり、大プロジェクトによって権限が中央に集中するにつれて、そうした紛争は高まってゆく。

パンジャブの水の支配と管理に対する中央政府の介入は、緑の革命が農業開発のモデルとなってから強まった。新たな需要が新たな紛争をつくりだし、その紛争を解決するなかで、中央政府に新たな役割がつくられた。アーナンドプル・サーヒブ決議が異議を唱えたのはこの中央集権的なプロセスであったが、しかし、そのような中央集権化をまねいた開発モデルについては異議を唱えてはいなかった。

河川紛争が高まったのは、新しい水利事業が他州の領域（川の自然な流れが境界となっている）を侵害するほどに急激に川の流れを変えているからである。さらに、こうしたプロジェクトは、川の自然な流れによって決められた沿岸権を超える新たな概念の権利を拡大した。受益者の範囲を拡大する一方で、集約的な灌漑は水利用を一握りの集約的な利用地域に限定し、集中させている。河川が流れていない地域が「権利を奪われた」ように感じたのは、あらゆる地域が集約的灌漑の分け前を期待する新たな権利をもったからである。パンジャブ危機が投げかけている挑戦的な課題は、パラドックス的な状況で衡平の観念と紛争解決を追求するということである。パラドックス的であるというのは、飛び地をつくることを前提に、水の流れを大規模に操作しながら、しかも、どの地域も飛び地となった資源の集約的開発の受益者となることを期待させているからである。飛び地の場合、持続可能な正しい資源の使用が阻まれることが見過ごされている。集約的な灌漑は、水利用を小さな飛び地に制限し、しかも、農業開発に不可欠なものとして水需要を増大させることにより、予防的な灌漑から集約的な灌漑にシフトすることが正当化されている。したがって、どの地域も飛び地の資源の集約的な開発の受益者となるという共通の期待をもつようになる。パンジャブ危機が、平等と紛争解決の新たな概念を追求すべき挑戦的課題をつくりだしているのは、こうしたパラドックスにおいてである。

第五章　緑の革命の政治的および文化的コスト

緑の革命にともなう生態的な代償と天然資源をめぐる紛争は、多様性と内部インプットにもとづく作付システムのかわりに、均一性と外部インプットを基にするシステムにかえたことにその根があった。内部インプットから、外部で購入するインプットにシフトしたことは、農業の生態的プロセスを変えただけではなかった。このシフトは、社会的および政治的関係の構造を、村のなかの相互的な義務（非対称的な義務であるけれども）にもとづく関係から、各耕作者が銀行、種子や肥料機関、食糧調達機関、電力や灌漑組織と結ぶ直接的な関係に変えてきた。外部から供給されるあらゆるインプットが少なくなってからはさらに、乏しい資源をめぐる対立と競争が、階級間や地域間で始まった。個別化され、ばらばらとなった耕作者は、国や市場と直接的な関係をもった。このことは、一方では文化的な規範や慣習を崩壊させ、他方では暴力と紛争の種をまいた。

パンジャブで緑の革命を実現した中央集権的な計画と資金配分は、人々の生活に直接的な形で影響を与えた。しかも、その影響は人々のアイデンティティ意識や自画像にも及んだ。政府がレフリーとなり、あらゆる事柄に決定を下すことによって、すべての不満が政治問題になった。多様な共同社会という状況下での中央集権的な支配は、共同社会や地域の紛争につながった。あらゆる政治決定が「我々」と「彼ら」の政治として解釈されている。「我々」は不当な扱いを受けてきており、「彼ら」は不当な特権を得ているというふうにである。パンジャブではこうした分極化された考え方は、シク教徒に対する宗教差別の色合いを帯びて表れている。(1)

緑の革命の大規模な実験は、自然を生態系の崩壊寸前まで追いやっただけでなく、社会も崩壊の寸前にまでも追いやっているようである。

一九七二年に、フランシーヌ・フランケルは『緑の革命の政治的挑戦』のなかで次のように書いている。

「緑の革命にともなって伝統社会の崩壊が進んでいる。他の分野よりも急速に変わっているのは相互依存と（非対称的な）義務の規範に根づいた伝統的な階級的取り決めで、新しい経済的利益の考え方にもとづいた対立的な関係に変わってきている……」。

「さらに、この分析がもつ主要な意味のひとつ、すなわち崩壊が非常に速く進んでいるので、自動的に再均衡化するプロセス（このようなプロセスが機能すると仮定して）に必要な時間が決定的に奪われていることの意味について検討するのに決して早すぎるということはない。したがって、対案がなければ、すでに動き始めている力は農村地域の伝統社会を完全な崩壊に押しやるであろう(2)」。

一九七二年には、崩壊するという予測はありえないように思えた。

一九八九年にはもはやありえないとは考えられなかった。

緑の革命の技術を急速かつ大規模に導入することによって、社会構造と政治過程のふたつのレベルで混乱が起こった。階級間の格差が拡大し、社会関係の商業化が広がった。

フランケルが述べたように、緑の革命は社会形態を完全に崩壊する手段であった。

「新しい技術がもっとも広く応用されてきた地域では、一世紀にわたる植民地支配の破壊によっても達成できなかったことをやってのけた。すなわち伝統社会に残っていた安定性（地主階級と土地をもたない階級の両方が相互的で非対称的な義務を認識していたこと）をほぼ排除した[3]」。

フランケルは社会的崩壊を予測していたが、それが階級対立から起こるものと見ていた。しかし、緑の革命が展開するにつれて、前面に出てきたのは宗派や民族的な側面である。開発や近代化にともなって、宗派の紛争は一掃されると予想されていた。しかし、最近の経験ではその逆が示されている。

近代化と経済発展は、パンジャブの事例におけるように、民族的なアイデンティティを硬化させ、宗教、文化、人種などに根をもつ紛争を挑発し、激化させる。

パンジャブ危機の分析はほとんどが、もっぱら地域の政治や選挙政治の陰謀に焦点を当てている[4と5]。この章では、パンジャブ紛争の議論の余地のある解釈を超えて、その紛争が緑の革命がもたらす変化に固有の経済的および文化的プロセスにいかに構造的に結びついているのかということをたどってみる。

当初は繁栄を味わったが、パンジャブ農民はすぐに幻滅した。一九七一・七二年に、小麦栽培の収益は投資の二七％であった。一九七七・七八年には、収益が投資の二％以下に落ち込んだことに農民は不平をもらした。裕福な農民もまた、土地をもたない小農民がすぐに体験したような政治的および経済的な転落と借金を経験するようになった。二〇年間にわたって借金がふくれて、利益が落ち込み、金持ちと貧困者の矛盾は、中央と州の対立となった。さらに、パンジャブ農民はシク教徒の農民であったので地域政党はアカリ党であり、中央と州の対立はたちまち宗派の紛争に変わった。

三種の紛争がひとつに集まって、いわゆるパンジャブ危機とよばれるものをつくりだした。

第一のものは緑の革命の性格そのものから発生している紛争とかかわる。すなわち、河川水をめぐる紛争、階級対立、下級小農民の貧窮化、人力にかわる機械の使用、近代農業の収益低下などはすべて、不満をもつ小農民を農民抵抗運動に走らせている。

第二のものは、宗教と文化的な要素にかかわる紛争であり、シク教徒のアイデンティティをめぐる紛争であった。こうした紛争の根は緑の革命の文化的崩壊にあり、あらゆる関係が商業化され、聖域はなくなり、すべてのものに値段をつけるような倫理的な真空状態をつくりだした。道徳的および社会的な危機を矯正しようとして現れた宗教復興運動がついには分離主義的なシク教徒のアイデンティティの主張となって結実した。

第三の紛争は中央と州との経済的および政治的権力の分配に関するものであった。

地方組織と内部インプットから、中央管理と外部および輸入インプットに移行したことで、農民と政府の力関係および州政府と中央政府の力関係が決まってしまった。天然資源の次元で、多様性から単一栽培に移行し、種子や化学肥料などのインプットを内部から外部に移行したことが、農業の生態系の脆弱性をもたらしたように、対外依存に移行したことが、政治的に社会的な脆弱性をもたらした。

緑の革命の政策に欠くことのできない市場の繁栄と国家の台頭は、共同体を破壊し、純然たる商業基準によって社会関係が同質化されるにいたった。農業が内部インプットから中央管理された外部インプットに移行することによって、政治権力と社会関係の中心軸が変わった。その変化には共同体における相互義務から、地方の農業問題と取り組むために国家権力の獲得をめざす選挙政治への移行が含まれていた。

中央集権化のプロセスは、同質化のプロセスをともなった。地域的、宗教的、民族的な復活を求める運動はかなりの程度に、同質性という状況のなかで多様性の復活を求める動きであった。分離主義のパラドックスは、均一性という枠組みのなかでの多様性の追求であり、アイデンティティの喪失と崩壊を前提とする構造のなかで、アイデンティティを追求することだからである。シク農民の要求から、シク教徒の分離国家を求める要求に移行していったのは、ヨコに組織された多様な共同体が崩壊して、個別化された個人が選挙政治を通じてタテに国家権力と結びついたからであった。このように緑の革命の生態的な危機は、地方政治の多様性と構造が崩壊し、同質性が現れ、農業の食糧生産という日常活動に対する中央集権的な外部支配が引き起こした文化的危機に反映されている。

経済危機：狭い範囲の短い繁栄

一九八〇年代になると、パンジャブでは緑の革命の楽観主義が色あせてきた。農民は金持ちも貧乏人も同じく、生態的な破壊、負債、収益の低下などの問題を実感していた。さらに、農民は商業的な農業が普及したことによる文化的な破壊に反発するようになってきた。そして、農民たちが取り込まれた政治は、中央政府がつくった政治であったので、自分たちの社会経済的な地位にかかわる重要な決定を左右するような政治的参加が拒まれているような感覚を味わった。したがって、こうした問題にかかわる農民の抵抗や運動は一九八〇年代の初めには、パンジャブ政治の表舞台に出てくるようになった。しかし、一九八〇年代の中頃には、パンジャブの政治は完全に宗派の問題となって、農業危機から発生した紛争は手におえなくなった。

緑の革命はまず第一に、農業社会で高まった紛争に対するテクノクラートの対応策であった。しかし、新しい技術が導入されるとすぐに、それらの技術が豊かな農民と貧しい農民の二極化をいっそう進めて、新たな農民紛争をさらに広げることがわかった。一九六九年の内務省報告「現在の農民の緊張状態の原因と性格」は、農民の緊張状態の「素因」として土地所有の不平等をあげた。しかし、公然たる紛争の「直接」の原因は新しい農業戦略と緑の革命にあった。

不平等を広げるという緑の革命の影響は、「ベストのものを土台に築く」という戦略に組み込まれていた。ベストのものとはもっとも恵まれた地域であり、もっとも恵まれた農民である。緑の革命に投入する資源の集約度が高まるということは、農業の資本集約度が高まるということを意味し、これは新しい技術を使って収益を上げることができる農民と、技術が収奪の手段となってしまう農民との新たな不平等をつくりだす傾向をもっていた。貧しい小農民は投入物が大きな緑の革命の経済のもとでは、農地を維持することができなかった。一九七〇年から一九八〇年の間にパンジャブでは多数の小さな農地が経済性がないために消滅していった。一九七〇・七一年にパンジャブで耕作されていた農地の総数は一三七万五三八二であったが、一九八〇・八一年には一〇二万七一二七となり、およそ二五％低下した(6)。

ダスグプタは、パンジャブで耕作地の分布が新しい技術のもとでは豊かな農民に移動しているという結論を示す証拠資料を作成した(7)。バーラによれば、高収量の小麦と稲の作付地域のどちらにおいても「耕作地の分布が大農民のほうに移動していた(8)」。

このように緑の革命は耕作コストを高くすることによって、小農民から小農地を奪いとる過程を進行させた。農業労働者もまたパンジャブの緑の革命から利益を受けているようには見えない。バルダンはパンジャブとハリヤナの「緑の革命の優良地域」においてさえも、最低生活水準以下の人々の割合が増えていたと結論を出している(9)。一九六一年から一九七七年までのパンジャブのデータを総合的にまとめた最近の報告をみると（このデータは毎年の実質賃金率の指標で、州全体と県について、耕起、種まき、除草、収穫、綿つみ、その他の農作業別のデータを出している)、「長年にわたって、賃金の上昇は物価の上昇に追いつかず、一九六五年から一九六八年の間と、さらに一九七四年、一九七五年、一九七七年に再び、ほとんどの農作業の実質賃金が下がった」ことがわかる。(10)

農村社会の二極化によって発生した階級紛争は、インドの農業社会の古い特徴であった。近年において、農村と都市の紛争は農民運動の新たな関心事となってきており、農村の「バーラト(インドのヒンディー語名―訳注)」は、安い食糧と原料を求める都市エリートのニーズに収奪されていると見なされている。緑の革命の戦略は実は、成長している都市・産業の中心地のために安い余剰食糧をつくるための戦略であった。初めの頃は、食糧補助金と支持価格によって、パンジャブ農民のなかでもとくに裕福な農民にとって人為的に収益が上がるような経済的な仕組みがつくられた。しかし、集約的インプットの農業は融資を必要とし、年月がたつうちに負債に変わっていった。さらに、収量を維持するために肥料や農薬の割合を高めなければならなくなるので、インプットのコストは上昇する一方であった。さらに、初期の高額の補助金と支持価格を無限に維持するということは不可能であった。したがって、緑の革命の初期の段階では、農業はコストに対して利益が大きな金のもうかる仕事であったが、その後は急速に負債危機をつくりだし、収益率は落ち込んだ。パンジャブでは、生産コストに対する買上価格の平均的な超過率は、一九五四・五五年から一九五六・五七年まではマイナス一四・〇%であったが、一九七〇・七一年にはプラス一二四・五%に変わった。

表5-1　パンジャブの小麦生産におけるコスト

年	買上価格（ルピー/100kg）	生産コスト（ルピー/100kg）	コストに対する収益率（%）
1970-71	76	61.04	24.50
1971-72	76	59.71	27.28
1972-73	76	67.10	13.26
1973-74	76	74.34	2.23
1975-76	105+8*	99.45	13.62
1976-77	105	101.39	3.56
1977-78	110	108.57	1.32
1978-79	112.50	101.45	10.89

* Bonus
資料：Rajbans Kaur, 'Agricultural Price Policy in Developing Countries with special reference, to India' 未発表博士論文，パンジャブ大学，Patiala, 1982, p. 275.

年月がたつにつれて、農業を人為的にもうかるようにしてきた補助金が減らされた。[11] 表5-1は、パンジャブでコストに対する収益率が一九七〇・七一年と一九七一・七二年の平均二五・八九%から、一九七七・七八年と一九七八・七九年の平均六・一一%に下がったことを示している。

収益率の低下は小農民でもっとも負担が重かった。土地が五エーカー以下の小農民はパンジャブの耕作世帯の四八・五%を占めている。調査によれば、一九七四年には小農民は一人当たり年間損失が一二五ルピーであるのに対して、五エーカーから一〇エーカーの土地をもつ農民は一人当たり五〇ルピーの利益を出しており、二〇エーカー以上の土地をもつ農民は一人当たり一二〇〇ルピーの利益を出していた。別の調査が一九七六・七七年と一九七七・七八年に行なわれているが、限界的な農民と小農民の世帯はそれぞれ平均して年間一五一二・一七ルピーと一六四八・一九ルピーの赤字を出していた。別の調査では、小農民の二四％と限界的な農民の三一％が、緑の革命を行なったパンジャブ州で貧困線以下で暮らしている。[12] ジョル委員会報告もまた、一九七七・七八年と一九七八・七九年でヘクタール当たりの収入が増加した以外は、パンジャブの農業収益が低下していることを裏付けている。パンジャブ州の農業が全体的に急成長している時期でさえも、実質的な農業収入は八〇年代初めから沈滞していた。事実、一九七八・七九年以降、一ヘクタール当たりの実質収入が低下している証拠さえもある。S・S・ジョルによればこの傾向は強まるものと予測される。というのは、あらゆるレベルで沈滞状態に達しており、耕作地、価格、二大作物である稲と小麦の生産性が、一九八〇年代の初めにすでに限界に達していたからである。

パンジャブの「革新的」農民に高収益をもたらす短期的な経済発展を促し、インドの都市人口のため確実に安い食糧を供給することが、最終的にはパンジャブ農民にとっては政治的に高い代償をもたらした。集約的なインプットを必要とする緑の革命の農業は、農業融資の導入によって初めて可能になった。商業銀行のコンソーシアムである農業再融資公社（ARC）は一九六三年に設立され、マクロレベルの大きな開発プロジェクトに中長期の融資を行なった。ARCはその後全国農業農村開発銀行（NABARD）に改組された。緑の革命の小麦と稲の生産に人為的な収益性を与えるために、農業経済を管理することが目的の高度に中央集権的な機関がつくられた。食糧生産、調達、流通にかかわる二つの中央機関が、世界銀行の助言で一九六五年に設立された。一つはインド食糧公社（FCI）であり、食糧穀物の買上げ、輸入、流通、貯蔵、販売の責任をもった。もう一つは農産物価格委員会（APC）であり、食糧穀物の最低支持価格を決定し、それによって、作付形態、土地利用、収益性を管理した。食糧価格と買上げを通じて、中央政府は今度は食糧穀物の生産と流通の経済を管理した。このように中央集権化し、分散した特定地域での穀物生産は、いつまでもその収益を維持することはできなかった。緑の革命の初期の頃には、買上価格は市場価格よりも一クインタル（一〇〇キロ）当たり一五ルピーも高い七六ルピーに人為的に設定されていたが、こうした経済政策は、高コストの国産の食糧穀物を補償することと、低価格の輸入食糧穀物と一緒にプールすることが土台になっていた。一九七〇年代に食糧穀物の譲与的輸入が段階的に廃止されたので、中央政府が大きな損失を出さずに高い買上価格を維持することが不可能になってきた。さらにパンジャブのようなもっとも恵まれた地域を中心とする集約農業方式は、資源が乏しく、新しい農業戦略から除外された他の地域の食糧生産と食糧購入能力を低下させた。

パンジャブ農業が稲と小麦の栽培を中心にしていることと、インド農村の見捨てられた地域が購買能力を失ったために、大量の余剰農産物が蓄積され、パンジャブは販売利益を上げることができなくなった。その間に、緑の革命戦略が大きな原因となって、食糧不足はますます広がった。集約的な開発から取り残されたインドの農地の七〇%がなおざりにされ、投入物が不足したことから生産性が低下した。こうした地域の人々はますます貧乏になった。

不均衡は地域のみならず、作物についてもそうであった。パンジャブの稲と小麦の生産を増加したことによって、菜食主義者の食事の栄養バランスに必要な油脂作物やマメ類が不足した。緑の革命の戦略である特化理論（地域と作物の偏向）とそれに関連する収益性理論は一九八〇年代に限界に達した。一九八五年の米の販売シーズンに、パンジャブ農民は農産物を売っても利益を上げることができなくなった。この問題は米の買上価格についての最近の発表に端を発しており、この発表をもとに調達庁は農産物を非常に低い価格で精米業者や販売業者に売り始めた。米の販売危機は、農民とパンジャブ政府に、中央で管理された食糧穀物生産の特化を打破し、多様化をめざさなければならないことを明らかにした。そこで、ジョル委員長が率いる委員会が結成されて、パンジャブ政府にパンジャブ農業の多様化と、中央管理からの脱皮を助言した。

二〇年もたたない間に、緑の革命戦略の主たる受益者であるパンジャブ農民は被害者のように感じ始めた。パンジャブの農民団体は、新たな植民地主義から自らを解放するように農民によびかけた。中央政府の行政機関が新しい農業にかかわる政策を支配していたために、パンジャブで発生した紛争はたいてい、パンジャブと中央政府の紛争となった。緑の革命戦略がパンジャブに求めたインドの穀倉地帯という独特の役割もまた、その利益が薄れ始めた時には新たな不満の種となった。一九八〇年代には、パンジャブ農民は、インドに食糧を供給するための中央政府の植民地として扱われているという理由で、組織をつくり始めた。「過去三年間に、我々はすべての田畑に小麦の種をまいたためにますます損失を出すようになった。我々はインド国民に食糧を供給するための人質となっていた。この状況を変えるべきであると我々は決意した(13)」。

一九八〇年代は、高額の農業インプットに反対する農民運動が目立った。水道料金、電気料金、買上価格などに反対するキャンペインが始まった。一九八四年一月三一日に「ラースタ・ロコ」（道路封鎖）がよびかけられ、農民は綿作物の病虫害に対して一億二五〇〇万ルピーの救済金を獲得した。一九八四年三月一二日に、インド農民連合（バーラティヤ・キサーン）（ＢＫＵ）はチャンディガルにあるパンジャブの知事公邸の封鎖を始め、電気料金の値上げ阻止、小麦の買上価格の引き上げ、ＡＰＣの廃止、そのかわりとしての農産物「コスト」委員会の設置を要求した。そして、一九八四年三月一八日に協定が結ばれて、封鎖が解かれた。

しかしながら、持続不可能な「奇跡」による農民の不満の種はそのままであったため、農民運動は止むことがなかった。一九八四年四月に、ＢＫＵは「カルジャ・ロケ」とよばれる借金に抵抗する運動を始めた。パンジャブのほとんどの村で、ＢＫＵは村の入口や十字路にステッカーを貼り、「適正な説明がなければ、ローンの回収は違法である。集金人は許可なく村に入ることはできない。ＢＫＵ命令」と通告した。高額なインプットのために多額の融資を受けたが、投資に対する収益率が低下したために、ほとんどのパンジャブ農民は大きな負債をかかえるようになった。パンジャブの農業融資は短期的な生産融資だけでもヘクタール当たり一〇三ルピーになっているが、全国平均は三五ルピーである。借金と収益低下によって苦しめられているパンジャブの農民は、一九八四年前半に全州で抗議運動を行なった。

農民抵抗運動が宗派の紛争に転化

一九八四年五月に、パンジャブの農民運動は頂点に達した。五月一〇日から一八日までの一週間にわたって、農民はパンジャブ知事公邸を封鎖したが、それはパンジャブ州が大統領の直轄統治下にあったからであった。控え目に見積もっても、常時、一万五〇〇〇人から二万人の農民が封鎖中にチャンディガルに集まっていた。その前の五月一日から七日まで、農民は穀物市場をボイコットし、中央政府の買上げ政策に反対する意思表明を行なうことを決定した。一九八四年の五月二三日に、アカリ・ダル党のロンゴワル総裁は、運動の次の段階は、食用穀物をインド食糧公社に販売することを阻止する運動になるだろうと発表した。パンジャブは大量の備蓄用穀物を提供しており、この穀物が政府の公共分配制度を支えるのに使われて、価格を引き下げていたので、穀物封鎖が成功するということは、全国的に深刻な危機をもたらすことを意味し、パンジャブ州の自治権拡大を要求するための強力な交渉手段となった。六月三日に、ガンジー首相はパンジャブに軍隊を引き入れ、六月五日に黄金寺院（ゴールデン・テンプル）を攻撃したが、この攻撃はシク教徒にとって、シク教の信仰と尊厳と名誉が攻撃されたのと同じであった。ブルースター作戦とよばれた軍事作戦の後には、農業共同体としてのシク教徒は忘れさられ、宗教的な共同体としてのシク教徒が国民の意識に残った。その後はあらゆるものの解釈に「宗派」の刻印が押された。パンジャブの運動はもはや農民の利益を第一に守る運動ではなくなり、シク教徒のアイデンティティを守る運動のなかに埋没してしまった。

経済的にも政治的にも緑の革命に端を発する危機が、急速に宗派争いの様相を帯びるようになったのは、パンジャブの農業共同体のアイデンティティと、シク教徒のアイデンティティがたまたま重なっていたからであった。一九八〇年代にパンジャブで発生した不満は、中央管理の農業生産や、その結果出てきた経済的および政治的危機によるものであった。不満の種は中央の国家政策と緑の革命の政治経済にあった。しかし、たまたまパンジャブ農民がシク教徒であり、彼らの利害を代表する政党がアカリ党であったという偶然から、緑の革命にかかわる紛争が宗派紛争であるかのように表れ、その紛争が技術的変化とその社会的および経済的影響がもたらす政治とは無関係であり、宗教的な原因だけの問題として扱われたのであった。緑の革命はパンジャブに恒久的な平和と繁栄をもたらさなかった。それどころか、暴力と不満の種をまき、ますます宗派争いの色彩を強め、緑の革命の政治から離反させた。もちろん、パンジャブ危機の宗派対立化を促す文化的原因があった。緑の革命の総括的な戦略はたんに技術的および政治的戦略にとどまらなかった。伝統的な農民の価値観である協力を競争に変え、つつましい生活を派手な消費に変え、土と作物の農業を、補助金、利潤、収益のあがる価格の計算に変えたのもまた文化的な戦略であった。

生態的および経済的なレベルで生じた紛争は、緑の革命の短期的な豊かさと収益がもたらす派手な消費文化と伝統的な価値観との文化的葛藤と結びついた。一九八〇年代には、パンジャブ文化の商業化を矯正しようとする真に文化的な運動がパンジャブに起こった。二〇年間にパンジャブの経済、社会、文化が急速に変化したために、倫理的および道徳的な危機をもたらした。金もうけを優先する文化が古い社会を破壊し、社会を規制していた道徳的規範を壊した。社会に新たな金が循環するようになって、古い生活様式が乱れ、アルコール中毒、タバコ、麻薬、ポルノ映画や雑誌、女性に対する暴力などの社会的病気が蔓延した。

宗教はこうした文化的堕落を矯正する価値観を与え、新しい退廃的な消費形態にともなう暴力の犠牲者にとっては慰めとなった。ジャルネール・シング・ビンドランワレーは後に分離主義と宗教的な原理主義の指導的なイデオローグとなった人物であるが、パンジャブの文化的堕落に対してイデオロギー的な改革運動を始めて、早くからパンジャブ農民の人気を集めていた。ビンドランワレーが人気を集め始めた初期のもっとも熱烈な信奉者は子供と女性であった。というのは子供も女性も新しい退廃的な消費文化から比較的自由であり、しかもその文化がもたらす暴力のもっとも大きな被害者であったからである。ビンドランワレーの人気の第二段階では、男性も彼の弟子に加わり、低俗映画を見るかわりにシク寺院を訪ね、ポルノ雑誌のかわりに「グルバニ」(導師の教義)を読むようになった。この聖職者がシク教の根本的な価値観を復活させ、純粋、献身、勤勉という「良き」生活を取り戻すことに成功するにつれて、彼の弟子は増えていった。農村地方のシク教徒にビンドランワレーが人気があったのは、このような原理主義の建設的な感覚にもとづいているからであり、商業的な資本主義の最初の犠牲となった基本的で道徳的な生活の価値観を復活させているからであった。ビンドランワレーが説教した初期の頃は、反政府的な発言も、反ヒンズー的な発言もなく、シク教の建設的な価値観を中心にしていた。彼の役割は主に社会的な宗教改革者の役割であった。

シク教の復興運動は、とりわけ国民会議派(I)(一九七八年に会議派が分裂し、会議派(I)インディラ派と会議派(S)スワラン派に分かれた—訳注)による政党政治の介入によって、否定的な方向に転換し、否定主義的原理主義となった。[14] ビンドランワレーはアカリ党と対決して選挙の票を集めるために利用され、ブルースター作戦後に彼が黄金寺院で自殺した時に、パンジャブ政治とシク教は完全に宗派間の問題にすり変えられた。ブルースター作戦と一九八四年一一月の反シク暴動の後、インディラ・ガンジー首相が暗殺され、シク教徒のアイデンティティの危機がパンジャブの中心的な問題となった。宗派的な形態をもつシク教の復興運動が、初期の再生的で倫理的な形態を凌駕するようになっていった。しかしながら、パンジャブではヒンズー教徒とシク教徒の間で大規模な宗派紛争とはならなかったものの、いわゆるヒンズー教の総本山と見なされているものと、いわゆるシク教国家のシク教徒との間の紛争は過去にあったし、今もなお継続している。

一九八六年四月一三日にサルバト・カルサ(全シク会議)によって可決された「グルマタ」(集会による集団決議)は、宗派の紛争は主として中央と州との紛争であるという認識を明らかにしていた。

「国民が一生懸命にかせいだ収入や、国や地域の天然資源が強制的に略奪されるならば、すなわち、国民が生産した商品が人為的に決められた価格で支払われ、国民が買う商品が高値で売られているのに、こうした経済的な収奪を論理的な結論に導くために、国民の人権や国の権利が押しつぶされているなら、そうしたことは、その国、地域、国民が奴隷であることを示す指標である。今日、シク教徒は奴隷の鎖で縛られている。こうした形の奴隷的身分が、各州や、インド人口の八〇％を占める貧しい人々や少数集団に押し付けられている。こうした奴隷の鎖を打ち砕くために、シク教徒は大規模に、理性に訴え、力を行使し、これらの八〇％を占める人々を味方につけることによって、デリー宮廷を支配している僧侶と商人の連合を打倒しなければならない。これが、この国でシク教のヘゲモニーを確立する唯一の方法である。このようにして、シクの世界観と政治のヘゲモニーのもとに、労働者、貧困者、取り残された人々、少数集団（イスラム教徒、キリスト教徒、仏教、ラマ教等）の戦闘的な組織を結成しなければならない[15]」。

すべてのグルマタで、社会生活における金権支配が非難され、これが社会の道徳心を堕落させ、欲望と私欲を深めた原因であり、これが社会および政治的生活に影響を及ぼしていると考えられている。政治権力の集中は鋭く批判され、集団による民主的な決定の必要性が強調されている。シク教の復活は伝統の復活と結びつき、「金、エゴ、卑怯、無知、傲慢、愚鈍から自らを解放し、自らの安寧を通して集団の安寧を求めるのではなく、集団の安寧を通じて自らの安寧を求めるようになる」[16]。

前述のような分析から、シク教の文化的アイデンティティが復活したのは、緑の革命の商業文化によってパンジャブの地方自治が崩壊し、文化的および道徳的な生活が崩壊する事態に対処しようとしたものであることが明らかとなった。この争いはシク教徒とヒンズー教徒の文化的な紛争ではなかった。一九七八年にアーナンドプル・サーヒブ決議が行なわれた時、要求のトップに並んだのは、河川水、食糧生産と価格設定、中央と州間における政治経済の問題であった。中央政府はこうした政治的および経済的問題を組織的に避けて、一九八〇年の選挙後はこの状況を宗派の問題にすり替え、アーナンドプル・サーヒブ決議を分離主義とよび、アカリ党が一九七八年に最高裁に提訴した水紛争訴訟を取り下げた。アーナンドプル・サーヒブ決議が提起した地域および開発問題を回避することによって、中央政府は一連の開発危機に対処することを避けた。中央と州の関係の再検討を求める当然の要求に応えるかわりに、中央政府はいわれのないシク教の分離主義を持ち出した。一九八二年八月四日にアカリ・ダル党が宣言したダラーム・ユッド（正議のための聖戦―訳注）は、ダラームの意味をインド人は宗教ではなく、正義と権利を意味していることを頭において解釈しなければならない。ダラーム・ユッドは正義のための闘いであり、他の宗教共同体のメンバーに対する宗教戦争ではない。ダラーム・ユッドがブルースター作戦と一九八四年一一月のシク教徒の大虐殺後のパンジャブの中心的運動となったのは、とりわけ地方自治が侵害され、パンジャブ住民が文化的および宗教的アイデンティティの侵害の犠牲者だったからであった。そして、こうしたすべての侵害は権利と正義の問題に関連しており、こうした権利の侵害者は他の民族集団や宗教集団ではなくて、国家安全保障を司る中央権力であった。

独立後のインドはたえず中央と連邦構成州が緊張状態にあった。そのため政治アナリストは、インドの文化的多様性によって、民族国家をまとめている中央の脆弱な統一体はまもなく崩壊するだろうと予想するにいたった。しかし、中央と連邦州の初期の紛争を詳しく点検してみると、文化的要素そのものは、決してこの国の政治的統一にいかなる緊張も与えていないことがわかる。たとえ与えたとしても、国家の意志決定能力が強まっているので、純粋に文化的な主張はインド国家によって簡単に吸収された。文化的主張の第一のものは、単一言語を使用する州を求める要求であった。言語運動が起こっている間、中央は構成州の行政組織や州境界線の組み替えを統轄しなければならなかったが、主要な言語集団の要求を受け入れ、別の集団の言語要求を拒否するようなことがあってはならなかった。中央権力が増大する時には、かならず構成州の権力は小さくなった。開発過程に関連する紛争から地域運動が発生し、中央の支配政党は、とりわけ国民会議派（I）は初めて、政治的および経済的領域で敵対する政治組織に直面した。新しい要求に屈することは、中央政府が農業政策の再編成を通じて獲得してきた巨大な権力をあきらめることであった。したがって、中央政府は政治の方向を転換しなければならなかった。

ある評論家は次のように述べている。

「今度は中央が反撃する時であった。そして中央は民族問題として反撃した。反対者を一人ずつ、国民の主流から引き離してゆくために、非宗教的な問題を民族問題にすり替えた。州の境界線が言語あるいは宗教の境界と重なるという事実があるため、地域的な政治組織は、国民会議派が陥れようとしていた民族的なワナにはまりやすかった[17]」。

開発、社会的分裂、暴力

開発のプロセスは事実上、目的や生存の源であるところの土壌に背を向けて、その二つを国家とその資力に求めさせる。有機的な土壌との結びつきを破壊することで、社会の有機的な結びつきが破壊されている。多様な共同体が土地をもって互いに協力しあっていたものが、異なる共同体が土地を獲得するために互いに競争するようになっている。同質的な開発のプロセスによっても完全に相違をぬぐいさることはできない。相違は多元性がひとつにまとまった形で残るのでなく、同質性が分断された形で残る。プラスの多元性がマイナスの二元性に変わり、誰もがどの「他人」とも競争して、経済的および政治的権力を決定づける乏しい資源を競っている。開発のプロジェクトは、成長と豊かさの源泉として展開されている。しかも、土壌から生まれる豊かさを破壊して、国家の資力をそのかわりにもってくることによって、新たな欠乏と乏しい資源をめぐる新たな対立がつくられている。豊かさではなくて欠乏が状況を特徴づけており、そこでは神聖なものは何もなく、すべてに値段がつけられている。意味やアイデンティティが土壌から国へとシフトし、多元的な歴史からロストウ（マサチューセッツ工科大学教授で、一九六〇年代に反マルクス主義的な経済発展段階説を提唱した―訳注）が示したような単一の歴史に移行するにつれて、それまで残っていた民族的、宗教的、地域的な相違は、「狭い民族主義」の拘束服に押し込められる。精神的なよりどころである土壌や大地からその根を引き抜かれた地域社会は、国民国家が示す権力モデルに自ら根をおろす。多様性は二元性にかわり、排除の体験となり、「内」と「外」に分かれる。多様性の不寛容は新たな社会的疾病となり、共同体は決裂や暴力、衰退や破壊に弱くなる。多様性の不寛容と文化的相違の持続は、同質的な開発プロジェクトを実行している同質的な国家がつくりだす状況のなかで共同体を互いに反目させる。相違が豊かな多様性となるかわりに、偏向や分離主義の土台となっている。

南アジア地域では、経済成長と開発におけるもっとも「成功した」経験が、二〇年もたたないうちに、暴力と内戦のきびしい試練に変わった。文化的に多様な社会は開発モデルにはめこまれて、有機的な共同体のアイデンティティを失った。アイデンティティが引き裂かれ、打ち砕かれ、偽りのものとなり、共同体は残っていた唯一の社会的な空間、すなわち近代国家が定めるところの社会的な空間における場を求めて争っている。

第三世界で今日高まっている民族的、宗教的、地域的な紛争は、人々が生態的にも文化的にも根なし草となり、アイデンティティを奪われ、すべての「他人」との関係で否定的な自意識を押しつけられているということと完全に無縁ではないだろう。パンジャブは緑の革命の奇跡を示す模範であり、最近まで世界でもっとも急成長した農業地域の一つであったが、今日では紛争と暴力にむしばまれた地域になっている。パンジャブでは、少なくとも一万五〇〇〇人がこの六年間で命を失った。一九八六年には、激しい紛争で五九八人が殺された。一九八七年には一五四四人が死亡した。一九八八年には三〇〇〇人にエスカレートした。そして一九八九年になってもパンジャブには平和の兆しが見えない。パンジャブは土壌と社会のつながりがもっともひどく破壊された例である。緑の革命戦略は第三世界の農民を肥料、農薬、種子の世界的な市場に組み入れて、農民と土壌や共同体との有機的なつながりを切り離した。パンジャブの革新的な農民は、もっとも速く土壌の仕組みを忘れて、市場の仕組みを学ぶ農民となった。そのひとつの結果が土壌に対する暴力であり、湛水あるいは塩類集積の荒地、不健全な土壌、害虫がはびこる単一栽培をもたらした。もうひとつの結果は地域社会における暴力、とくに女性と子供に対する暴力であった。商業化は文化的な崩壊と結びつき、新たな形態の中毒、新たな形態の虐待と攻撃を生みだした。

一九八〇年代初めに起こったシク教徒の宗教的な復活運動は、市場に役立つもの以外のすべての価値を破壊することによって生じた倫理的および文化的な真空状態のなかで、アイデンティティを追求するための表現であった。女性たちはこうした復活運動のもっとも活動的なメンバーであった。ほとんどがたまたまシク教徒である農民の間でも同じような運動が起こり、パンジャブ農民をつかの間の繁栄後に失望させた国家の中央集権的な農業政策に反対した。しかしながら、農民として、あるいは宗教的な共同体としてのシク教徒の闘いは、急速に宗派間の闘いとなり、戦闘的になった。一方では、パンジャブ住民は、シク教徒のもっとも神聖な寺である黄金寺院への攻撃が示すような国家によるテロリズムの犠牲者であった。その一方で、パンジャブ住民はシク教青年のテロリズムの犠牲者でもあり、青年たちの正義感はシク教徒のアイデンティティという狭い国家概念の政治的な枠によって制約されていた。五つの川をもつ土地を意味するパンジャブは忘れられ、カリスタン(清浄の地を意味する。パンジャブ州の一部シク教徒が要求する独立国家の名—訳注)と改められた。土壌はもはや社会生活を組織する暗喩ではなくなり、国家がそれにかわった。

このように紛争は分離独立国家を要求する宗派の闘いに変わった。紛争は、失望し、不満をかかえ、分断された農業社会と、農業政策、資金、信用、インプット、個々の農業商品を管理する中央集権化された国家との緊張関係というそもそもの発端から離れた。そして、紛争は緑の革命の社会的および経済的影響を文化的および倫理的に再評価することからも遠ざかった。

緑の革命は平和と豊かさの戦略となるべきものであった。今日、パンジャブには平和はない。パンジャブの土地に平和はなく、平和がなければ、持続的な豊かさもありえない。

パンジャブが宗派抗争にまきこまれたのは、緑の革命の「奇跡」をつくるために地域を政治的および経済的に改革した結果であった。この改革戦略は平和をつくるかわりに、暴力と流血をまねいた。そして、ひとつの技術的手段の効果が薄れると、第二の緑の革命が第一の革命から引き継いだ政治的および経済的問題の救済策として持ち込まれた。

第六章　平和のためのペプシコ？

——バイオ革命の生態的および政治的リスク——

暴力と不満を特徴とするパンジャブ危機はほとんどが緑の革命の技術的な解決策の予期せぬ効果によるものであるが、皮肉にも緑の革命はインド農業を技術的に改革することを通じて、暴力を防ぎ、不満を抑えることをめざしたものであった。最初の緑の革命の技術的解決策は以下のような要素をもっていた。

一、主として自家消費栽培の穀物、マメ類、油脂作物などの多様な作物の混作と輪作を、主として市場向け栽培の小麦と稲の輸入品種による単作にかえる。

二、農場の内部資源のかわりに、種子、肥料、農薬、エネルギーなどを購入する。

三、国全体の食糧生産を小さな地域の飛び地に限定する。

緑の革命は絶対的な意味で農業の生産性を高めるものとして計画された。資源利用の面では、新しい種子と肥料の技術は、肥料の使用などの産業的なインプットのみならず、水などの天然資源のインプットにてらしても、明らかに反生産的であった。このことは稲の場合に明白であり、一部の土着の高収量品種は、緑の革命の品種に匹敵する収量があるが、水や肥料のインプットはかなり少ない。リチャリアはバスターの稲栽培で四〇〇〇キロ以上の収量を報告しており[1]、イエグナ・イエンガーは南インドで一ヘクタール当たり五〇〇〇キロ以上の稲の収量を報告した[2]。小麦の場合でさえも、とくにパンジャブで言えることであるが、収量が増加した。しかも、投入物のコスト増加は

表 6-1　小麦の土着品種とボーローグの品種の生産性比較

	土着品種	ボーローグの品種
収　　量（kg/ha）	3,291	4,690[3)
水需要	12″ 5.3cm	36″[4)] 16cm
肥料需要	47.3	88.5[5)]
水利用についての生産性（kg/ha/cm）	620.94	293.1
肥料使用についての生産性（kg/ha/kg）	69.5	52.99

収量の増加と無関係であった。それどころか、水と肥料の使用についての生産性は以下の表でまとめているとおりに、実際的には低下していた。

エネルギーについても、緑の革命の技術は従来の技術よりもはるかに非能率的である。稲栽培システムによる食物エネルギーの生産高を、全体のエネルギーのインプットと比較すると、農業のエネルギー利用率は低下していた。緑の革命前のシステムにおいては、エネルギー比率はおよそ一〇であったが、緑の革命の導入によって、これが半分以下となっている。工業化した農業では、この割合は一にまで減っており、こうしたシステムで使われているエネルギーは、食糧という形態で得られているエネルギーと同じとなっている。⑹

生産性を高めることが、緑の革命の主たる目的であるけれども、資源やエネルギーという点では、生産性は実際には低下している。初期の段階で達成した生産増加は金銭的な利益における増加であった。事実、緑の革命の技術的な包括計画の主たる原動力となったものは利潤であり、アグリビジネスのための利潤であり、農民のための利潤であった。しかし、緑の革命のエコロジーは投入物のコストを高めるものであり、パンジャブ農民に収益低下という結果をもたらした。農業収入は停滞するか、低下し始めた。緑の革命は高度な投入、高額の助成金、高い支持価格のおかげで、短期間だけ特定地域で特化作物を余剰生産することに成功したけれども、二〇年もたたないうちに、緑の革命は金銭的にも、生態的にも発展性が失われていった。

パンジャブが食糧生産の危機から脱出し、農業を経済的に再び発展させるためには二つのオプションがある。第一のオプションは、資源と資本集約的な農業技術をやめて、低コストの農業に移行し、投入物の費用を減らし、食糧生産を経済的にも、生態的にも再び発展できるようにすることである。第二のオプションは、国内市場向けの主食作物をやめて、輸出市場の贅沢な食糧と非食糧作物に移行して、輸入種子や農薬などのハイテクの投入に新たに依存することである。パンジャブが第二の農業革命の戦略として公式に採用したのは、後者のオプションである。

第二の緑の革命の技術的対策は以下のような要素をもつ。

一、国内市場向けの小麦と稲のかわりに、加工食品の輸出のために果物と野菜を生産する。

二、緑の革命の技術のかわりに新しいバイオ技術を使って、一方では農薬と、もう一方では食品加工とさらに深く結びついてゆく。

三、公共政策の主目的として、主食生産を完全に無視する。

ペプシコ・プロジェクトは平和のためか?

ペプシコ・プロジェクトはパンジャブに新たな農業政策のセンターをつくることをめざしている。このプロジェクトを評論家は、「新しい農業革命の触媒」あるいは「平和のためのプログラム」と称した。(7) 最初の農業革命もまた平和と繁栄の戦略となるはずのものであった。ところがその革命がもたらしたものは暴力と不満であった。パンジャブの第二の農業革命は、第一の革命が失敗した場所で成功するのであろうか?

現在ペプシ・フーズとよばれているペプシコ・プロジェクトが最初に提案されたのは一九八六年のことであり、パンジャブ・アグロインダストリーズ・コーポレーション、タータ―（インド最大級の財閥―訳注）の子会社であるボルタス、米国多国籍会社のペプシコの共同事業として提案された。このプロジェクトは四つの活動で構成されている。すなわち、①バイオテクノロジーで種子の改良を行なう農業調査センター、②高品質の食品をつくるためのジャガイモと穀類を中心とする加工工場、③果物と野菜の加工工場、④清涼飲料と濃縮ジュースをつくるための清涼飲料濃縮工場である。プロジェクトのコストは当初は二億一〇〇〇万ルピーで、そのうちのペプシコの分担は三五九〇万ルピーであった。プロジェクトは初年度だけで、二億ルピーの輸出を想定した。一〇年間の輸出総額は一九億四〇〇〇万ルピーと見積もられた。プロジェクトの総支出の二億二〇〇〇万ルピーのうちの約七四%は、食品加工部門に支出された。この計画では一〇万トンの果物と野菜を利用することになっており、現在穀物を栽培している土地で栽培することになる。このプロジェクトに必要な輸入品は一〇年で三億七〇〇〇万ルピーと見積もられた。一九八九年三月には、ペプシコ・プロジェクトの共同事業者は投資を二倍にすると発表した。彼らは現在、このプロジェクトに五億ルピー以上を投資する計画である。(8)

二年にわたって議論が行なわれたが、中央政府は一九八八年九月一九日にペプシコ・プロジェクトを承認し、新設された食品加工産業省の大臣は、農業の多角化、農業収入と雇用の増加、パンジャブの平和と安定の回復を理由に、プロジェクトを正当化した。(9) プロジェクトは新たな依存を生みだし、自給を犠牲にし、国益に反するということで批判を浴びた。(10) パンジャブの緑の革命と同じく、ペプシコの「平和のためのプログラム」も、政治的な危機に対して技術的な解決策を与えると主張している。かっての緑の革命のように、このプロジェクトも農業に新たな脆弱性を持ち込み、危機を悪化させる可能性をもっている。

生態系を弱める種子

緑の革命の「奇跡の種子」は、自然が課した制約からインド農民を解放することを意図していた。そのかわりに、外国品種の大規模な単作を行ない、遺伝的な多様性を減らし、土壌と水系を不安定にすることによって、新たに生態的な脆弱性をもたらした。

パンジャブは、緑の革命を通じて、高反応の種子（高収量品種＝HYVという間違った名称でよ

表 6-2　パンジャブにおける緑の革命のコストと利益

コスト	利　益
1. 1965 年から 1980 年までにマメ類の生産が 37 万から 15 万 t に低下[12].	1. 1965 年から 1980 年までに米の生産が 29.2 万から 322.8 万 t に増加[11].
2. 1965 年から 1980 年までに油脂作物の生産が 21.4 万から 17.6 万 t に低下[12].	2. 1965 年から 1980 年までに小麦の生産が 191.6 万から 769.4 万 t に増加[11].
3. 稲と小麦の単作導入によって，遺伝的多様性が破壊.	
4. 稲単作で 40 種の新たな害虫と 12 種の新たな病気が発生[10].	
5. 塩類堆積，土壌毒性，微量元素不足などによる土壌の劣化.	
6. 26 万 ha が湛水[9].	
7. 1988 年のパンジャブの洪水はバークラダムが原因. 12,000 村の 65% が水没，340 万人が被害を受け，1,500 人が死亡[13]. 州の被害は 100 億ルピー[14]. 5 万 ha の土地が砂の沈殿によって破壊され，ある場所では砂が 60cm も堆積した[15].	

ばれている）を使って、インドの穀倉となるべく選ばれた。緑の革命はそれまでの穀物、油脂作物、マメ類の輪作を、集約的な灌漑と農薬を投入する稲と小麦の輪作に変えた。稲と小麦の輪作は生態的な反動をまねき、用水路で灌漑した地域に深刻な湛水問題をもたらし、掘り抜き井戸で灌漑した地域では地下水位低下問題が起こった。さらに、HYVは土壌の大規模な微量元素不足をまねき、とくに水田耕作地では鉄分、小麦栽培地ではマンガン不足をもたらした。

表6-2はパンジャブにおける緑の革命のコストと利益を要約したものである。

こうした問題はＨＹＶのエコロジーに組み込まれており、予期されていたことでもあった。大量の水を欲しがるＨＹＶ種子は大量の水の投入を必要とし、そのため、ある地域では湛水によって、ある地域では空気や土地の乾燥によって砂漠化の弊害をまねいた。多量の養分の需要は一方では微量元素不足をもたらしており、収量を保つには化学肥料をますます多く投入する必要があったが、コストが高くなったからといって、利益が大きくなるわけではないので、こうした状況を持続することは不可能であった。ＨＹＶ種子は水と化学肥料の集約的で均一な投入を要求するので、大規模な単作は不可避であった。単作は病虫害にきわめて弱いので、殺虫剤を散布するための新たな費用が生じた。このようにＨＹＶ種子には特有の生態的な不安定さがあるため、経済的な発展が不可能になっていった。奇跡の種子は結局のところは奇跡を起こさなかった。単作がこのような生態的な破壊をもたらしていたことが、一九八五年にジョル委員会がパンジャブ農業の多角化をよびかけた背景にあった。[16] 多角化の政策には、作付けにおいて遺伝的多様性を広げるということが含まれる。しかしながら、一九八八年九月に発表されたペプシコ・プロジェクトとそれに関連する新しい種子政策は、作物基盤を狭め、果物と野菜の単一栽培に外国種を導入することによって、生態的な脆弱性を強めるので、遺伝的な多様性がさらに損なわれる恐れがあった。

ペプシコ・プロジェクトの必須の要素は、果物と野菜の新種の種子を導入して、ルディアーナに設立された農業調査センターで開発することであった。その目的としてあげられているのは、ジャガイモ、トマト、選抜した作物の品種を、クローン増殖や細胞培養などのバイオテクノロジーによって改良することであった。

しかしながら、緑の革命の経験では、「改良された種子」というのは状況的な用語であり、ある目的の遺伝的な改良が、別の状況においては別のパラメーターの損失となることがある。したがって、ペプシにとってのジャガイモの改良とは、その加工工場に適したジャガイモにするということを意味する。ジャガイモと穀物の加工は輸入した機械で行ない、年間三万トンのジャガイモと一六〇〇トンの穀物を加工するものと想定している。加工工場が作付けするジャガイモの品種を決定するようになり、在来の生食用ジャガイモの品種は押しのけられるであろう。インドがトマトとジャガイモを栽培していないということではない。しかし、直接食べるのは生食用の品種である。加工用の品種は生産していない。そこでペプシは加工用の品種を導入する。加工産業の観点から見ると、生食用の品種から加工用の品種に移行することが改良なのである。消費者から見ると、そうした移行によって食糧が原料となってしまい、直接消費するのでなく、加工してから消費するので損失となる。

加工用のジャガイモは「多角化」という名目で導入されているが、ペプシの技術を導入したアメリカにおけるジャガイモ栽培の経験を考えると、遺伝的な均一性と著しい脆弱性をもたらすであろう。今日アメリカでは、二〇〇〇種のジャガイモの品種のうちのわずか一二種しか栽培されておらず、その四〇%は単一種のラセット・バーバンク種である。一九七〇年には、アメリカのジャガイモ作付総面積のうちで、この品種の作付面積はわずか二八%にすぎなかった。同じ種類のジャガイモの作付面積が何エーカーも広がっていると生態的にきわめて脆弱になる。ペプシのバイオテクノロジー研究センターでは、植え付けるジャガイモは単一品種を自然増殖させるので、遺伝的に同一のものになる。同社の研究農場で毎年五万種の新しいジャガイモの品種が開発されていることとはまったく関係ない。なぜなら種子と食品加工の必須の条件は栽培の均一性であり、病気や伝染病にかかりやすくなるかどうかは、栽培種が多様であるか、均一であるかによって決まるからである。

ペプシコ・プロジェクトが遺伝的な均一性を奨励しているのは、このプロジェクトが種子と加工を結びつけ、農場と工場を結びつけているからである。アメリカでラセット・バーバンク種を広がらせたのもまさにそうした動きである。マクドナルド社がラセット・バーバンク種を必要としているのは、そのサイズのためである。たとえば、マクドナルドのフライドポテト全体の四〇%は長さが二インチから三インチでなければならず、さらに四〇%が三インチ以上でなければならず、残りの二〇%は二インチ以下でもよいが、ラセット・バーバンク種はこれにぴったりである。[17] 食品加工業の経済勢力は、遺伝的な均一性がもたらす危険性がわかっているにもかかわらず、均一的な単一栽培を推し進めており、これまで以上に農業の生態的な安定性を脅かしている。

均一性の導入は園芸作物の奇跡的な収量増大とのトレードオフとして正当化されている。ペプシの宣伝資料は「インドの園芸生産物の収量は国際水準よりもかなり低い」と述べている。ペプシ・フーズの食糧プロジェクトは、「メキシコではペプシの子会社であるサブリタスがジャガイモの収量を五八%、すなわち三年間で一ヘクタール当たり一九トンから三〇トンまで高める種子計画に着手した」と述べている。[18] インドでは、農民と農学者がそれに匹敵する収量を達成してきた。ウッシャ・メノンが報告しているように、一ヘクタール当たり四〇トン以上のジャガイモの収量が、中央ジャガイモ研究所が行なったジャランダルの圃場試験で得られた。[19] 一ヘクタールにつきおよそ五〇から六〇トンの収量はグジャラート州の農民も達成しており、彼らはバナスカンタ県の河床でジャガイモを栽培している。最初の緑の革命と同じように、土着の高収量品種は否定されて、高反応品種の導入が正当化された。ペプシコ・プロジェクトはインドの農民や科学者の業績を否定したが、それはペプシコの役割をなくてはならないものにするためであった。

最初の緑の革命による遺伝的多様性の破壊が生態的にも経済的にも正当化できないように、ペプシコのようなプロジェクトで新たなリスクを導入することもまた正当化することはできない。

園芸作物のなかでも単一栽培されているものはとりわけ、大量の農薬を必要とする。したがって、加工用品種の遺伝的均一性は農薬使用の生態的な弊害を強めるであろう。農業のバイオ革命は、肥料が要らず、病気にかからない作物という新たな「奇跡」を約束している。自由化された種子政策の中心となっている前提は、世界の「どこから」でも「入手可能な最良」の種子を供給できるようになるので、それによって農業生産が急成長するということである。

パンジャブの緑の革命の経験が十分に立証しているように、外国種をもとにして、高エネルギーと農薬の投入に依存する種子は、生態的な不安定と著しい脆弱性をもたらす。一九八八年の新しい種子政策は、包括的輸入許可（ＯＧＬ）条項（一定限度までは許可申請なしで特定の商品を輸入できる制度―訳注）にもとづき、種子の輸入とその手続きを行なうことにしたが、この政策はペプシコ・プロジェクトが象徴する農業政策の転換と密接にかかわっている。こうした転換は緑の革命がつくりだした脆弱性を悪化させ、しかも、それ以前にあった予防策のいくつかを捨て去った。小麦や稲などのような緑の革命の種子は、マメ類や油脂作物のような作物の遺伝的な破壊と衰微の一因となったが、それらは主食の種子であった。新しい種子政策の中心は、主食以外の花、野菜、果物の種子である。種子政策はマメ類、油脂作物、雑穀、野菜、果物のような種子の輸入にふれているけれども、国際的な種子市場はもっぱら、世界市場で広く取引されているような作物種の開発に向けられている。したがって、新しい種子政策は有毒な農薬の大量使用を持ち込むと同時に、在来作物や在来種を侵食することを意味する。

バイオテクノロジーが農薬の使用を減らすどころか、かえって増やすのは、殺虫剤や除草剤に耐性をもたせるための育種が、農業作物におけるバイオ研究の主眼だからである。種子と農薬の多国籍企業にとっては、そのほうが短期的に採算が合う。というのは作物を農薬に合わせるほうが、作物に農薬を合わせるよりも安上がりだからである。新しい作物種の開発コストは二〇〇〇万米ドルに達することはめったにないが、新しい除草剤の開発費用は四〇〇〇万米ドルを超える。[20] 除草剤と殺虫剤の耐性をもたせることによって、種子と農薬の一体化を強め、多国籍企業の農業支配を強める。大手の農薬会社の多くは、自社ブランドの除草剤に耐性をもつ作物を開発している。大豆はチバガイギーの農薬のアトラジンに耐性をもつようにつくられており、したがってこの除草剤の年間売上げは一億二〇〇〇万米ドルにまで増えた。現在は、デュポンの「ジスト」や「グリーン」、モンサントの「ラウンドアップ」などのような除草剤に耐性をもつ作物を開発する研究が行なわれているが、これらの農薬はほとんどの草木植物を枯らしてしまうので、作物に直接使用することができない。商標名をもつ除草剤に耐性をもつ作物の開発と販売に成功すれば、農産業市場の経済的集中がさらに進んで、多国籍企業の市場支配力が高まるであろう。

インドの農民にとって、殺虫剤や除草剤に耐性をもつ品種に使う毒性農薬を増やすという戦略は、文字どおり自殺行為である。インドでは、数千の人間が毎年、農薬中毒で死んでいる。一九八七年には、インドの主要な綿栽培地域であるアーンドラ・プラデシュ州プラカサム県で六〇名以上の農民が農薬購入の借金を苦に農薬自殺をした。[21] 交雑種の綿の導入が害虫問題をつくりだしている。殺虫剤耐性は、コナジラミやオオタバコガの流行をもたらし、農民はその撲滅にもっと毒性の強い高価な農薬を使ったので、多額の借金を背負い、自殺に追い込まれた。殺虫剤や除草剤が人間を殺さない場合でも、人間の生存手段を殺してしまう。こうした破壊のもっとも極端な例は、バツアという貴重な緑葉野菜で、非常に栄養分が高く、ビタミンAが豊かで、小麦と一緒に栽培されている作物に見られる。しかし、集中的に化学肥料を使ったために、バツアは小麦と競争する植物となってしまったので、「雑草」と宣告され、枯葉剤や除草剤で根絶された。インドの子供たちは毎年ビタミンA不足で、四万人が視力を失っているが、[22] ビタミンAが豊富でどこにでも生えている植物を除草剤で殺してしまったことが、この悲劇をまねいている。多くの農村女性が野生のアシや雑草を編んで、カゴやマットをつくって生計を立てているが、除草剤の使用量が増えて、アシや雑草が死滅しているために、生計手段を失っている。除草剤耐性をもつ作物の導入のために、除草剤の使用が増え、経済的にも生態的にも有益な植物種に被害が出ている。除草剤耐性があるので、持続可能で生態的にバランスのとれた農業に欠くことのできない輪作や混作の可能性も排除されてしまった。というのは他の作物が除草剤で死滅してしまうからである。アメリカは現在、除草剤の散布による作物の喪失で年間四〇億米ドルを損失していると見積もっている。インドにおける破壊は、植物の多様性が大きく、植物やバイオマスを利用した多様な職業が普及しているので、その被害はアメリカよりもはるかに大きい。

有益な植物種を絶滅させるような除草剤耐性をつくる遺伝工学的な戦略は、スーパー雑草（除草剤が効かない雑草—訳注）をつくる結果をもたらす。雑草と作物の間には親密な関係があり、とりわけ熱帯においては何世紀もかかって雑草の野生種と栽培種が互いに作用しあって、雑種となって自然界に新しい種をつくりだしている。遺伝工学の技術者が作物に導入しようとしている除草剤耐性、病虫害耐性、ストレス耐性の遺伝子は、自然に起こる遺伝子交換のために近隣の雑草に移ることもありうる。(23)

遺伝子組み換えの種子や作物種を自由に輸入した結果、農薬会社が開発した除草剤耐性の作物に使用する除草剤の使用量が急激に増大する。緑の革命がもたらすスーパー雑草を撲滅するために農薬を使用したことは、生態的にも経済的にも農民に災難をもたらした。除草剤耐性をもった遺伝子組み換え作物を導入することで農薬や除草剤の使用が増えれば、完全な破滅をもたらすだろう。

病虫害耐性の遺伝子組み換え作物をつくるという代替戦略は、農薬会社の短期的な利益にとっても商業的に望ましいことではない。この戦略は長期的にも生態的にも確かなものではない。なぜなら、病気耐性の遺伝子は突然変異をすることがあり、あるいは他の環境的な圧力に負けて、その作物が病気にかかりやすくなることがある。導入された作物はどっちみち在来種よりも害虫や病気の攻撃を受けやすく、生態系に新たな害虫や病気を導入することがよくある。

遺伝子組み換え種子の導入は、緑の革命の品種の歴史的背景に照らして考える必要がある。緑の革命においても、新しい品種は病気耐性をもつように育種されているという触れ込みであったが、その品種と一緒に新しい病気と害虫を持ち込んだからである。一九六六年に新しい稲の品種がパンジャブで発売されてから、四〇種の新しい害虫、一二種の新しい病気が現れた。一九六六年に導入された新しい半矮性のＴＮ１は、シラハガレ病にかかりやすかった。一九六八年に、小球菌核病とゴマハガレ病に耐性があると考えられていたＩＲＢが発売されたが、どちらの病気にもかかりやすいことがわかった。ＰＲ１０６、ＰＲ１０８、ＰＲ１０９はとくに、病気と害虫に耐えられるように育種された品種であった。一九七六年以来、ＰＲ１０６はセジロウンカ、小球菌核病、コブノメイガ、ヒスパ、ニカメイチュウ、その他いくつかの害虫に弱いことがわかった[24]。病気耐性のための育種で、病気に無敵ということはありえない。技術的に病気に強いと主張すればするほど、生態的には脆弱性をますます強めているのである。

自由化された種子政策は、新しい種子の発売のチェック、管理、セーフガードを甘くする一方、新しい品種を通じて新たな生態的弊害をまねくためにドアを開く。輸入種子の試験と試用のために、新しい政策のもとでつくられた手続きは、緑の革命の段階に普及していた手続きよりもさらに甘いものであった。緑の革命の段階では、育種の技術はそれほど有害なものではなく、国際農業研究センターから輸入された種子は多国籍企業のものでなくて、民間の育種家からのものであった。

作物種の導入にともなって病気も導入することは普通のことで、例外ではない。数百のヨーロッパ種のジャガイモが栽培されていたにもかかわらず、一〇年間にわたってマクドナルドはラセット・バーバンク種をヨーロッパに持ち込もうと試みた。マクドナルドが一九八一年にオランダにラセット種を導入しようとした時に、試験的植え付けをするまでに、八カ月間も検疫を待たなければならなかった。しかし、この種はヨーロピアン・ジャガイモウイルスに弱いことが立証され、ヨーロッパに持ち込むことが認められなかった。[25] このように作物種の導入を拒絶するための安全措置がインドでは空洞化している。外国の農業・気候条件のもとで生産された種子を商業的に発売するには、連続三年にわたって、害虫や病気の発生をテストするのが常識である。新しい種子政策はこれを一シーズンの試験に短縮したので、病気や害虫を導入する危険が高まっている。さらに、入国後の検疫隔離のすべての要件を撤廃した。したがって、作物の病気が入国時に検疫のチェックをすりぬけてしまうと、インドの生態系を破壊する恐れがある。

そして、遺伝子組み換え種子や作物の場合、在来の検疫方法では不十分なのは、遺伝子組み換え物そのものが生態的危害の発生源となるからである。

我々のリスク評価の枠組みは、生態系に新しい植物種を意図的に放出することの影響を評価するという課題には不十分である。リスク評価の方法論を開発し、人々の健康と安全を守るための規則と組織を強化するかわりに、政府は検疫手続きを空洞化して、輸入管理措置を撤廃した。自由化というのは、巨大企業が制約も管理も受けずに、商品をテストし、実験し、販売する自由を意味した。これは市民にとっては、新しい技術と商品がもたらす危害から逃れる自由という権利が破壊されることを意味する。

種子と依存

バイオ革命はインドの種子政策の転換に拍車をかけているが、企業支配や生物地域の支配という点では緑の革命と異なる。バイオ革命は私的な性格が強い。緑の革命の場合、先頭に立っていたのは国際農業研究協議グループ（CGIAR）が組織していた国際トウモロコシ・小麦改良センター（CIMMYT）や国際稲研究所（IRRI）などのような国際農業研究センターであり、管理しているのは各国政府、民間基金、アグリビジネス企業、多国籍開発銀行である。したがって農薬やアグリビジネスの多国籍企業などの民間会社の利害は、公共機関あるいは準公共機関が設定したプログラムを通じて生じるので、民間会社はそうした機関に影響を与えようとしたり、その農業戦略から利益を得ようとしてきた。

バイオ革命によって、多国籍企業の民間利益が農業政策の最優先課題となった。ペプシコ・プロジェクトと新しい種子政策がこの新たな傾向を表しているが、ここでは技術がＣＩＭＭＹＴあるいはＩＲＲＩからインド農業研究協議会やパンジャブ農業大学へと伝えられ、それから農場へというふうに送られない。バイオ革命の場合、多国籍企業の資本は最新の技術をともなって、もっとも遠い農場に直接投下される。したがって、民間の利潤に対する関心がバイオ革命の主たる原動力であり、多国籍企業の支配力を強め、第三世界の政府や市民の役割を低下させる（表６-３）[26]。

新しい種子政策は緑の革命の古い失敗を繰り返しており、偽りの奇跡を売り込み、小農民による地元消費のための主食栽培を完全に不経済なものにしており、そのために国としての食糧の安全が脅かされている。一方で種子の輸入に依存し、他方で加工食品の輸出に依存していることは、国内に新たな形態の貧困と収奪をもたらす現実的な危険があり、投入物の供給とわが国の農業商品の購入を、一握りの多国籍利害関係者に完全に依存することになる。種子と農産物の加工を実験室から農場そして工場にいたるまで統合するというペプシコ・プロジェクトは、新しい自由化が意味していることを如実に表している。この統合プロジェクトの一環として、ペプシコはバイオテクノロジー基礎農業研究センターをつくり、ペプシコ工場で加工するための果物や野菜作物の高収量で病気に強い種子を開発する計画である。ペプシコは国民や地元の事業家の反対のために、許可をとるまでに二年以上かかった。しかし、新しい種子政策によって、他の多国籍企業にもドアが開かれた。巨大製薬企業のサンドス・インドは、多国籍企業の子会社であるノースラップ・キングＵＳと、

表 6-3　緑の革命と遺伝子革命の比較

	緑の革命	遺伝子革命
概況	・公共部門がベース ・人道主義的な意図 ・中央集権的な R&D ・相対的に段階的 ・主要穀物を重視	・民間部門がベース ・利潤が動機 ・中央集権的な R&D ・相対的に即時 ・すべての生物種に影響
目的	・肥料と種子によって食糧の収量を増やして，飢えを解放し，第三世界の政治的緊張を鎮静する	・インプットを増やし，加工の効率をあげて，継続的に収益をあげる
対象者	・貧困者	・株主と経営者
推進者	・CGIAR の 8 研究所に 830 名の科学者が働いており，米国の財団に報告する ・工業国 ・準国連機関	・アメリカだけでも，30 社の農業バイテク会社に 1,127 名の科学者が働いている
方法	・小麦，トウモロコシ，稲の育種	・すべての植物，動物，微生物の遺伝子操作
主な目的	・半矮性 ・肥料反応性	・除草剤耐性 ・自然の代用 ・工場生産
投資	・CGIAR を通じて農業の R&D に 1 億 800 万ドルの投資（1988）	・アメリカで 30 社が農業バイテク R&D に 1 億 4,400 万ドルの投資（1988）
全体的な影響	・影響は大きいが漸進的 ・第三世界の小麦と稲の 52.9% が HYV（1 億 2,300 万 ha） ・5 億人が他の食物を得られない	・非常に大きく，時には即座に影響・200 億ドル相当の薬草や香味作物が危機に瀕する ・数十億ドルの飲物，菓子，砂糖，植物油の取引が失われる
農民への影響	・種子と投入物のアクセスが不均等 ・小農民の土地が大農民にとられる ・新種は収量を増やすが，リスクも増える ・価格の引き下げ	・生産コストの増加 ・工場向け農場のためにいくつかの作物が喪失 ・インプットと加工能率は農民のリスクを高める ・過剰生産と原料の多角化

表6-3　つづき

農場への影響	・農薬の大量使用による土壌の劣化 ・在来種をかえることによる遺伝子劣化 ・在来作物よりもトウモロコシ，小麦，稲を過剰に作付けすることによる種の喪失 ・灌漑による水資源の圧迫	・緑の革命の影響が継続し，加速する可能性 ・制御不能な新しい生物を環境に放出 ・動物と微生物の遺伝的劣化 ・経済的に重要な作物に対するバイオ戦争
消費に及ぼす影響	・貧困者にとって高価値の食物消費が低下 ・食物を地域から輸出	・豊かな「ヤッピー」市場の食物を重視 ・化学物質と生物毒素の使用増加
経済的な意味	・第三世界に年間100億ドルの直接投資 ・500億から600億ドルの間接投資 ・アメリカへの遺伝子流出のみで，小麦，稲，トウモロコシの農産物売上げが年間20億ドル	・2000年までに種子生産に年間121億ドルの投資 ・2000年までに年間500億ドルの農業投資 ・第三世界からの遺伝子流出の利益を吸収
政治的な意味	・国内の育種計画が縮小 ・第三世界の農業が西欧化 ・生殖質の利点を不正使用 ・依　存	・CGIARシステムが企業利益に転落 ・遺伝子原料と技術を特許を通じて遺伝工学産業が支配

資料：Development Dialogue, 1988.

さらにオランダの野菜王のザードゥインとも協定を結んだ。インディアン・タバコ・カンパニー（ITC）はオーストラリアのコンチネンタル・グレインズの子会社であるパシフィック・シーズと提携しようとしている。アメリカの巨大種子産業のカーギル社は、同社の支配権を握っているジランド・カンパニーと提携した。他にアメリカのシードテック・インターナショナルとデルジェンの二社が、それぞれマハーラーシュトラ・ハイブリッドとナス・シードと協定を結んだ。パイオニア・ハイブレッドはインドの子会社としてパイオニア・シード・カンパニーを設立した。それらとは別に、ヒンダスタン・レバーはベルギーの会社と交渉しており、ヘキスト、チバガイギーも他社と提携して乗り込んでくると伝えられている。[27]

インドの研究所や、国立種子公社のような公営の種子会社は、最近まで緑の革命を推進したことで称賛されていたのだが、現在は叱責を浴びている。そして、公営企業に対する政府の新たな姿勢は、種子産業を民営化し、多国籍企業化することを正当化するのに利用されている。当然ながら、科学界は疎外されている。国立科学技術開発研究所(NISTAD)が主催した新種子政策についてのセミナーで、インド農業研究所、科学産業研究協議会、中央農業技術研究所、全国植物遺伝資源局の科学者たちは、新しい種子政策に批判的な反応を示した。[28] こうした科学団体は政策発表の前にあらかじめ相談を受けることがなかった。土着の研究や土着の遺伝資源が、企業の研究や企業に遺伝子原料を供給するために犠牲になった。世界における種子の年間小売り販売高はおよそ一三六億米ドルとなり、そのうちの六〇億米ドルは所有権の売買である(ハイブリッドや特許種子)。アナリストは、二〇〇〇年までに世界の種子市場は二八〇億米ドル規模となり、そのうちの一二〇億米ドルはバイオテクノロジーの貢献によるものだろうと示唆した。未開発のインド市場を解放することによって、そのシェアは広がり、新しい遺伝子組み換え種子を試みるための試験圃場が増えて、それとともに生態的なリスクも増えてゆくだろう。新しいバイオテクノロジーを特集したデベロップメント・ダイアローグ誌の最新号が指摘しているように、遺伝工学による農業インプットのほとんどは、まだ「ここ」にはなく、「やってくる途中」である。しかし、わが国の新しい種子政策はその到着を迎えるためのドアを開けており、企業戦略や将来の利益をバイオテクノロジーにかけている多国籍企業の入国をすでに許可している。

種子会社がバイオテクノロジーと遺伝工学によって売り込もうとしているのは、農業を農薬やその他の生態的なリスクから解放することができるという虚偽の奇跡である。しかし、多国籍種子会社のほとんどは大手の農薬会社でもある。そうした会社のなかにはチバガイギー、ＩＣＩ、モンサント、ヘキストが含まれる。こうした会社の当面の戦略は、農薬と除草剤に耐性のある品種を開発することによって、農薬と除草剤の使用を増やすことである。

企業の農業支配を深めながら、バイオテクノロジーは支配領域を拡大している。農薬のインプットとＨＹＶ種子の市場は灌漑地域に限定されていたが、バイオ革命は商業的な農業をすべての地域に拡大し、天水農地や限界的な土壌にまで広げてゆく。バイオ革命の影響はこのように、第三世界の農村人口全体に広がる可能性がある。多国籍企業はしたがって、何百万の農民や小農民の生命や生活がかかわる部門で完全な市場支配力をもつことになる。新しい技術が私的な所有権にかかわる性格をもち、植物品種保護法が可決され、遺伝子組み換え生物が特許の対象となることを考えると、バイオテクノロジーの開発は、熱帯の遺伝資源や土地を多国籍企業の支配下におくことになり、第三世界の人々が、多種多様な熱帯の自然に恵まれた自分たちの土地や共同財産である生物遺伝資源によって自活することがますます困難になるであろう。

緑の革命とバイオ革命は支配的な領域や影響が異なるけれども、それらはともに農業の商品化と需要主導型の成長という共通点がある。この二つの革命を連続させているのは、アグリビジネスと農薬の多国籍企業であり、これらの企業は緑の革命については間接的にしか支配していなかったが、バイオ革命は直接的かつ公然と支配している。多国籍企業が何も知らない国や農民に売った最初の商品ラインがすでに失敗であることがわかっているなら、アグリビジネスの多国籍企業がバイオテクノロジーを通して売り込んでいる第二の商品ラインについても、少なくとも疑問視しても当然ではないだろうか？　包括的なバイオ革命が、その研究や資源の集約度から判断して、技術的にも金銭的にも普通の耕作者や大衆が利用することができないならば、バイオテクノロジーは新たな不平等と生態的な弊害をもたらすだろう。バイオ革命においても緑の革命と同様に、「改良した種子」は独占的な種子多国籍企業への新たな依存を生みだすことになるだろう。

淘汰による土着の育種は、すべての人々が最良の種を利用することができ、その作物自体が種子を与えてくれる。退化についてのギアツの研究や、土着の株の保存についてのリチャリアの研究は、農民が種子についての管理権を維持していれば、収量を犠牲にすることはないことを立証した。「改良された」種子が向上させるのは収量ではなくて、多国籍企業による支配である。農民にとっての短所は、種子会社にとっての長所である。ハイブリッドの種子は毎年、種子商人から購入しなければならない。バイオ革命による遺伝子組み換え「種子」によって、農民は多国籍企業への依存を深めることになる。自然ではなくて実験室がバイオテクノロジーの種子の唯一の提供元になり、実験室は大学から企業へと移り、公的領域から民間領域に移り、金を払える人々だけが種子を手に入れる権利をもつ。主たる遺伝資源としての自然との結びつきが崩壊するにつれて、新しい結びつきが多国籍企業のなかに出てくる。バイオテクノロジー、種子、農薬がひとつに合併する。企業戦略は農業の生化学とバイオテクノロジーを利用して、植物育種に対して新たな独占権を獲得することである。前に述べたように、遺伝子組み換え品種は、開発会社の子会社が製造した特許をもつ植物保護剤と併用するように開発されている。モンサントは遺伝子組み換えトマトをつくり、同社の除草剤の「ラウンドアップ」と併用できるようにした。カルジーン社は最近、植物の除草剤耐性を強めるために組み換えたDNA連鎖の特許権をとった。たったひとつの特許で、カルジーン社はトマトであれ、タバコ、大豆、綿などであれ、その特性を利用する者から使用料をとる独占権をもつ。バイオテクノロジーはこのように、生物的な商品ラインと化学的な商品ラインを完全に統合し、農業と遺伝資源を完全に支配することを可能にする。[29]

ペプシコ・プロジェクトと新種子政策はインドに最新のバイオテクノロジーを持ち込むものと思われている。しかし、こうした技術は資本集約的であり、研究集約的という性格をもっている。その技術が物理的にインドに置かれていても、支配するのはアメリカのペプシコのような工業国の多国籍企業である。

インドの特許法の自由化を求める最近の圧力は、たんに植物のみならず、植物の特性に対しても独占権を得ようとすることと密接に関連している。[30] アメリカは植物のほんの一部分、たとえば、黒い花とか、塩水に対する耐性、窒素をつくる能力などの特性を表す遺伝子について実用特許を認める先例をつくった。これは特許保持者に、特許をとった特性をもつ作物を他人が栽培したり、そのような種子を売ることを拒否する権利、あるいはロイヤリティをとる権利を与えるということである。育種家が別の品種や植物種にその遺伝子を使いたければ、ライセンスをとらなければならない。実用特許がとられているので、その保護されている品種から第二世代の種子を採取して、植え付ける行為は違法となる。実用特許があるため、農民が支払う種子代金が現在の二倍になるだろう。遺伝子操作でたんぱく質のトリトプラをトウモロコシに導入して、栄養価を高めた種子会社に、一七年間にわたって実用特許が認められた[31]。

特許やその他の知的所有権は、多国籍企業がバイオテクノロジーの種子を大規模に流通させるために乗り越えなければならないハードルである。たとえば、新種子政策の条項では、種子を輸入するすべての会社に、政府が管理する全国植物遺伝資源局の遺伝子銀行に少量の種子を納入することを指示している。もちろん、巨大企業はそうした条項を受け入れるのを嫌がり、撤廃を望んでいる。カーギル・サウスイースト・エージア株式会社の専務取締役のジャン・ネフキンズが指摘したように、「どんな会社でも長い年月をかけ、数百万ドルを投資して開発してきたものを分け与えるのは嫌だろう。これは知的所有権の問題である[32]」。

特許と所有権をめぐる紛争は、バイオ時代における世界政治の本質的な要素となった。一方、アメリカはその特許保護制度を世界的に導入させようとしているが、その制度は工業国にきわめて有利である。一九八四年の貿易法改正で、アメリカ政府は多国籍企業の特許保護がないことはアンフエアな取引慣行であると考え、特許をめぐる闘いでは貿易を武器に使っている。一方、インドなどのような国における科学者、事業家、公益団体は、インドの特許法を使って、国益や公益を保護することを要求している。特許法に関する全国特別委員会は、特許法の改正によって、国の主権を危うくする試みを批判してきた。生物工学の時代とともに、新たな経済紛争が工業国と第三世界の間と、民間企業の利益と公益の間で起こっている。バイオテクノロジーは企業利益に新しい領域を開き、緑の革命と同様に未曾有の繁栄を約束しているけれども、その繁栄は貧しい人々に高い代価を支払わせるような繁栄となりうる。

不安定の種、暴力の種

世界的にも国内的にも、食用穀物の生産は生態的に不安定なために、急激に減少している。不安定要因には干ばつが含まれるが、これは温室効果にともなう気候変動と、不適切な土地と水利用による砂漠化の両方によって引き起こされている。一九五〇年から一九八四年の間に、世界の穀物生産高が六億二四〇〇万トンから一六億四五〇〇万トンに増大したが、この勢いは一九八〇年代に入ってから衰えており、九〇年代にも低下を続けるであろう。一九八九年の収穫シーズンが始まる時点において世界の余剰在庫は二億四三〇〇万トンたらずとなろうが、この量は世界人口を五四日間しか食べさせることができない量である。これにくらべて一九八七年には、一〇一日の消費量を満足させることができる四億五九〇〇万トンの在庫があった。(33) インドでは、食用穀物の在庫は一九八

表 6-4　アメリカの穀物生産，消費状況　(単位：百万 t)

年	生産量	消費量	輸出可能な余剰量
1984	313	197	116
1985	345	201	144
1986	314	216	97
1987	277	211	66
1988	190	202	2[1)]

注 1)：残品の在庫を含まない．

資料：US Department of Agriculture, Economic Research Service, World Grain Harvested Area, Production, and Yield 1950-87（未発表）(Washington, DC, 1988); USDA, Foreign Agricultural Service, World Grain Situation and Outlook, August 1988.

八年末には最低となった。一九八八年一一月一日におけるインドの食糧在庫は七七〇万トンたらずであり、米が二二〇万トンで、小麦が五五〇万トンであった。これにくらべて、前年の一九八七年一一月一日にインドが蓄えていた食用穀物は一五七〇万トンで、米が五四〇万トンで、小麦が一〇三〇万トンであった。[34]

補助金を受けている穀物を供給する公共分配制度は、毎月米を七〇万トン、小麦を六〇万トンを必要とする。このほかに、全国農村雇用プログラム（NREP）と土地無し農村住民雇用保証プログラム（RLEGP）を通じて必要な穀物が分配されており、それらの目的は最貧困層の生存のニーズを満たすことである。公共分配制度に必要な穀物の大部分はパンジャブから来ている。パンジャブでインド全体の食糧ニーズのための余剰食糧を生産することが、最初の緑の革命の目的であった。パンジャブがインド全体の食糧在庫に寄与していることは、一九八五・八六年に生産された米の八五・七%と小麦の五七・三％を、パンジャブ州の各種機関が買上げているという事実が示している。

食糧不足が国内的にも世界的にもすでに現実のものとなっている時に、ますます多くの土地が果物や野菜栽培に転用されるなら、主食の量にどのような影響を与えるだろうか？　公共分配制度を通じてさらに穀物を奪われることになるインド農村の飢えた人々を、輸出用のポテトチップスで食べさせてゆくことができるだろうか？　世界銀行やＩＭＦから食糧補助金を減らすという圧力を受けている時に、経済的にも政治的にももっとも弱い集団の食物を得る権利をどのように保護することができるのだろうか？

一九八八年一〇月にＩＭＦのキャムデサス総裁が訪問した時に、インドの大蔵大臣は食糧分配の補助金を減らすということを示唆した。世界銀行／ＩＭＦの政策に歩調を合わせようとする大蔵大臣の意向に、公共分配制度を維持するためには食糧補助金を出すことは必須であると考えている食糧大臣は反対した。(35)

ＩＭＦ／世界銀行が補助金を撤廃するという条件をつけたことから食糧暴動が起こった中南米やアフリカの諸国の経験は、ペプシコ・プロジェクトが象徴する新しい農業政策が暴力的な結末をもたらすことを予想させた。ペプシコ・プロジェクトでは、加工食品の輸入に新たな補助金を導入し、主食食糧の国内分配の補助金を撤廃しようというものだからである。

農民所得の引き上げがペプシコ・プロジェクトの主要な公約である。ペプシコと新設された農業加工庁の宣伝資料によれば、穀物栽培で一ヘクタール当たり約七〇〇〇ルピーという農民所得は、果物と野菜栽培で一ヘクタール当たり一万五〇〇〇から二万ルピーに急増するだろうと述べている。[36]

当初の緑の革命の教訓は、そのような経済的な奇跡には用心すべきであることを教えてくれる。緑の革命の初期には小麦と米の栽培は収益性があったけれども、そう長くは続かなかったのは、緑の革命の品種の収量を維持するにはインプットを高める必要があったからであった。最近の調査によると、一九七〇・七一年までの価格で一ヘクタール当たりの小麦栽培の純利益は、一九七一・七二年には三二八ルピーあったものが、一九八一・八二年には五四ルピーに低下した。その結果、大規模農民の収益は低下し、貧しい小農民の赤字はふくれ上がった。[37]

ペプシコ・プロジェクトや新農業政策が約束する農業収入の奇跡的な増加は、同じように短期的なものであり、それによって利益を受ける農民もごく少数である。インドの西部地域で一代雑種トマトを栽培し始めた農民は当初は一ヘクタール当たりの三万ルピーの高収入をあげたが、それは自然受粉の品種では一ヘクタール当たりの収量が二二トンであるのにくらべて、一代雑種トマトは一ヘクタール当たりおよそ四〇トンの収量があったからである。しかしながら、一代雑種のほうが害虫や病気に弱いので、数年のうちに収入は三万ルピーから、数百ルピーに低下した。

換金作物のなかでもとくに輸出作物は、生態的なリスクがあるだけでなく、金銭的なリスクもある。輸出用換金作物は長期間にわたって多くの現金を生みだすことはないからである。輸出向け換金作物の農業が発展したことが、アフリカにおける食糧危機の主たる原因である。ロイド・ティンバーレイクがアフリカの食糧危機との関連で述べているように、換金作物の大きな欠陥は、過去一〇年にわたって、生みだす現金がますます少なくなってきていることである。[38] まず、輸出志向の農業政策によって、食糧よりも換金作物の生産が奨励される。輸出用商品を栽培する地区が広がるにつれて、価格は下落し、収益は増えるどころが低下する。その促進役として、新しい輸出志向の農業政策のためのペプシコ・プロジェクトは、インドを借金や立ち退き、農業衰退の道に導くであろうが、アフリカや中南米で輸出志向の農業戦略がもたらしたものがまさにそれであった。

クレアモンテとキャバナは次のように述べた。

「悲劇的な結末は避けることができない。第三世界の諸国は現実には、高額の商品とサービスを輸入することと引き換えに、ますます多くの商品をますます低い価格で世界市場に売るように文字どおり追い立てられている[39]」。

換金作物の輸出は他の国でも試みられており、食糧不足と借金の悪循環にはまりこむ道であることが証明されている。アフリカの食糧危機、飢え、飢饉は食糧生産の発展が遅れたことが直接の原因であり、換金作物の生産によって食糧生産が低下したためである。乏しい資源が換金作物に当てられ、食糧栽培の土台が損なわれ、生態的に著しく不安定な状態をまねいた。一九七〇年までは、アフリカは自給できるだけの十分な食物を生産していた。一九八四年になると、五億三一〇〇万のアフリカ人口のうち一億四〇〇〇万人が海外から輸入された穀物を食べるようになったのは、一九七〇年代末までに、多くのアフリカ諸国が換金作物の生産を行なうようになったからである。輸出用の単一作物商品に依存していることが、アフリカの生態的、経済的、人間的危機の大きな原因である。

ペプシコの進出がインドに同じような危機をもたらす恐れがあることは、主食から加工食品に土地を転用する論理が展開されるからである。アフリカは一〇年たらずの間に食糧自給から食糧不足に転落した。ペプシコ・プロジェクトが先例となって、他の多国籍アグリビジネスがインドにやってきて輸出商品を栽培するなら、インドはもっと短期間で同じ道をたどるであろう。インドを投資の対象として見ている食品会社は、ケロッグ、キャンベル、ハインツ、デルモンテ、ネッスル、ニッサン、スウェディッシュ・マッチABなど数多い(40)。第三世界の人々の食物を入手する権利に及ぼす総合的なアグリビジネス・プロジェクトの影響はたびたび語られているので、我々はそれに目をつぶるようになっている。清涼飲料の多国籍企業が進出することが問題なのではなく、多国籍企業のアグリビジネスがインドの食糧栽培地を支配することが問題なのである。インドはその前に食糧自給のための戦略を入念に練り上げる覚悟があるのだろうか?

最初の緑の革命の経験が示すように、新種の小麦と稲の生産のための価格刺激策と補助金は、同時に、雑穀、マメ類、油脂作物の生産の抑制策となり、罰則となった。油脂作物の不足はきわめて深刻であったので、政府はその栽培と生産を高めるために特別に「油脂作物技術ミッション」を創設しなければならないほどであった。輸出志向の農産物加工業の原料として果物と野菜を生産するための刺激策と補助金を導入することは同時に、主食穀物の生産の抑止策として働き、現在の食糧不足と不経済を悪化させるだろう。

雇用の創出は、ペプシコ・プロジェクトにともなう経済的利益としてあまりにも誇張されすぎている。プロジェクトそのものは四八九名しか雇わないが、間接的な職場が生まれることによる雇用創出はパンジャブの農業で二万五〇〇〇名で、他の地域でさらに二万五〇〇〇名と見積もられている。公式の数字は、小農民や限界的な農民や自営業者の立ち退きによる大規模な失業を計算していない。

農業の工業化は、農村の失業を減少させるどころか、失業をさらに増やす道であることが証明されている。二二カ所の稲作地域における比較研究は、工業化によって労働者が排除されていることが示されているが、労働力の投入を高めて生産性を高めるような代替戦略は存在するのである。(41)

生産から加工までの農業の統合的な工業化は、現在ほとんどの食糧加工が行なわれているインフォーマル部門における大規模な労働者の排除と技能の喪失をまねくであろう。ペプシコの広告担当者はインドの食物をエスニックであり、「伝統的なマンゴー果肉、ピクルス、チャツネ(インド産の薬味―訳注)で成り立っている」と揶揄している。こうした食物は我々のニーズ、気候、技能に合っている。ポテトチップスをつくるための世界的な単一栽培に加われば、我々の食事の豊かさが薄れ、食物の多様性が破壊されるだろう。そして、インドのあらゆる家庭と地域社会がその生産に参加している伝統的な食品加工業において、大規模な脱産業化と「技能喪失」をもたらすことであろう。

資本集約的で多投入の農業戦略は、緑の革命とともに導入され、バイオテクノロジーと食糧加工革命によって次の段階へと進んだが、その戦略の皮肉なところは、失敗した人々のみならず、成功した人々に対しても暴力と苦痛をもたらすことである。この戦略は、一方では欠乏をもたらし、他方では余剰をもたらすことによって、社会的、政治的、経済的な危機をつくりだす。欠乏の危機と豊かさの危機は、資源と資本集約的な持続不可能な農業がつくりだした同じ危機の別の側面である。小農民は、北においても南においても、農業国においても工業国においても、危機の両面の犠牲者である。

ウェンデル・ベリーは次のように語っている。


「現在のところ、大豊作ほど農場や農民を破壊するものはない。高い生産性は生産コストを引き上げ、市場価格を引き下げる。大もうけ（現在までのところ）をしているのは、農民が『購入する投入物』を供給している業者と、（現在までのところ）農民が金を借りている銀行である。農民は不景気な農村経済と膨脹した産業経済のギャップを埋めるのに必要な多額の金を（略奪的な利子で）銀行から借りなければならなかった。しかし、高い生産性は農民にとっては死に等しい。ほとんどの利害関係者はいまだにアメリカ農業の生産性を『奇跡』だと考えたがるけれども、今では新聞記事にさえも時たま、農民にとってトウモロコシが豊作の年は、金銭的には不作の年になるという事実が報道されている[42]」。

ニューズウィーク誌は「打ちのめされた農家」という見出しで、生産増加に「成功」したことによって、農民がいかに追い立てられたかを報道している[43]。カナダのオンタリオ州では、政府は資本と資源集約的な工業化された農業であぶれてしまった農民のために六〇〇万ドルの救済計画に着手した。このプログラムは「移行期の農民」という名称がつけられており、二四時間の無料のホットライン（1–800–265–1511）も含まれていて、絶望に打ちひしがれた農民の相談にのっている[44]。北米の農村地域で自殺と暴力が激増しており、農村危機の一端となっている。

マーク・リッチーとケビン・リストーは次のように報告している。

「豊かなアメリカにおける農業危機は暴力の種をまいている。働いて得たすべてのものを失うという現実に直面し、憤慨し、絶望的になった多くの農民が、農村全域でますます活発になってきている過激組織に加わるかもしれない[45]」。

選抜された商品の余剰農産物は、資本、エネルギー、資源の大量投入によって人為的につくりだしたものであり、目に見えない欠乏を生みだし、貧困と紛争を悪化させている。パンジャブの暴力は、いかなる国においても資本と資源集約的な農業に起こりえる典型的なパターンとなっている。

パンジャブにおける緑の革命の最初の技術的解決策は、平和のかわりに暴力を、自給のかわりに依存をもたらした。ペプシコが予告している第二の技術的解決策も、暴力と依存という傾向を深めるであろう。このプロジェクトは最初の解決策よりも排他的で、中央集権的で、農場のインプットと農産物を世界市場にさらに地球規模で統合するものだからである。最終的な分析で、暴力の激化と社会の戦闘化は、自治権を失い、国民が自らの生活に対する支配権を失うことによるものであることがわかる。これは人間が本来の姿を破壊され、企業の食糧生産の組立てラインに組み込まれ、廃棄物として捨てられるからである。平和の道は、現在の不満の種である中央集権化の方向を推進することからは生まれない。地方分権化し、生態的な食糧生産体制を回復することが、持続的な平和をつくる唯一の戦略である。

農場から工場にいたるまで同一企業の利益によって統合された農業は、インドの農民と消費者に新たなリスクと新たな脆弱性をもたらす。生態的および政治的プロセスがそれによって崩壊するために、すでに内在している不満がさらに高まる。ペプシと新農業政策は平和のプログラムにはならない。なぜなら、そのプログラムは農民の生活をさらに中央集権的に管理し、生態的、経済的、政治的なレベルでの不安定要因を農業体制に導入するからである。このプログラムでは「百年の春の約束」を実行することはできない。

第七章　種子と糸車——技術的変革の政治的エコロジー

支配的パラダイムにおいては、技術は社会よりも上にあると見なされており、社会の構造と発展の両方において、技術が解決策を与えたり、決定要素になるという理由でそのように考えられている。技術は、社会に存在する諸問題の解決策の源と見なされていて、新たな社会問題の源として認識されることはほとんどない。その方向は自己決定的なものと考えられている。急速に技術的な変化が起こっている時期は、その変化を平等、持続可能性、参加という社会的価値観に合わせるのではなく、社会と大衆がその変化に合わせなければならないと考えられている。

しかしながら、技術的変化は支配的な人々の優先順位によって形づくられており、その優先順位に役立たせるプロセスであると考える別の視点もある。この視点では、技術的選択が狭い社会基盤にもとづいていれば人間的な関心事や大衆参加が排除される。その狭い層の利益が、本質的に革新的であり、社会的に中立な技術を持続するという名目で保護される。一方、社会的基盤が広がれば、支配サークルを現在の小さなグループから広げることによって、人権と環境が保護される。

新しいバイオテクノロジーが出現したことで、この二つの傾向が顕著に現れた。バイオテクノロジーの技術的アプローチは、技術の発展を自己決定的なものとして描きだし、社会的な犠牲を必然と見なす。したがって、大衆の生活権などのような人権は、革新的プロセスを保護する所有権のためには犠牲にしなければならない。皮肉なことに、人権を犠牲にするプロセスが、あたかも自動的に人類の幸福を導くものとして描き続けられている。

新しい所有権をつくるために大衆の権利を犠牲にすることは新しいことではない。これは資本主義の勃興とその技術的構造の隠れた歴史の一面であった。一五世紀から一六世紀にかけて現れた私有権法は同時に、森林や牧草地を使用する人々の行動の権利を侵し、産業化を通じて資本蓄積の社会的条件をつくった。私有権の新しい法律は、財貨として個人の所有権を保護することをめざしており、生計の基盤としての共有地の集団的権利を破壊した。私有権の語源であるラテン語の Private は、「取り上げること」を意味する。人権から私的な所有権にシフトすることは、排他主義的な技術が社会に根をおろすための一般的な社会的および政治的前提条件である。そのようなシフトの舞台がいまや設営され、企業と産業が発展するバイオテクノロジーの時代を迎える用意が整っている。

狭い考え方では、科学と技術は科学者や技術者がつくりだしたものとして慣例的に受け入れられており、発展とは科学と技術がつくりだしたものとして認められている。ここでいう科学者や技術者とは、西欧の科学技術について正規の教育を西欧の研究所や団体、あるいは西欧のパラダイムを模倣したアジアの研究所で受けているという社会学的範疇に属する人々として受けとめられている。こうした同義反復的な定義は、大衆や、とくに貧しい人々を除外し、多彩で特異な文化をつくってきた地球の文化的多様性や独特の文明史を無視するというのなら問題ない。この考え方における発展とは、非西欧的な状況に西欧科学と技術を導入することと同義として受けとめられている。この不可思議なアイデンティティとは、発展＝近代化＝西欧化というものである。

科学を「知ることの手段」と考え、技術を「為すことの手段」として考えるような広い文脈では、すべての社会はその多様性を残したまま、それぞれの独特の多様な発展の土台となるような科学と技術体系をもってきた。技術あるいは技術体系は、天然資源と人間のニーズのギャップをつなぐかけ橋となっている。知識と文化体系は、科学と技術の定義を認識するうえでの枠組みを与える。科学と技術はもはや西欧独特なものとしてではなく、すべての文化や文明と多元的に関連するものとして見なされる。そして、特定の科学や技術が自動的にあらゆる場所における発展に転化されることはない。生態的にも経済的にも不適切な科学と技術は、低開発の解決策にはならず、むしろ低開発の原因となる。生態的に不適切であるということは、生命維持システムを再生する自然の生態的プロセスと、技術的プロセスの資源要求や影響がミスマッチなのである。技術的プロセスは天然資源を大量に取りだし、汚染物質を生態的な限界を超えて放出する。そのような場合、技術的なプロセスは生態系を破壊し、低開発に寄与する。

経済的に不適切であるということは、社会のニーズと技術体系の要求がミスマッチだということである。技術的なプロセスは原料と市場の需要をつくりだすので、原料と市場の両方を支配することが、技術的変革の政治の必須の要素となっている。

技術的なプロセスの両端、すなわち天然資源に始まって、基本的な人間のニーズに終わるという両端が理論的に認識されていないので、現在のような経済的および技術的発展のパラダイムがつくりだされており、天然資源を取りだし、汚染物質を増やす一方、多くの人々を限界に追いやり、生産プロセスを奪いとっている。現代の科学と産業の発展の特徴こそ、現代の生態的、政治的、経済的な危機の主因である。生態を破壊する科学的および技術的な形態に加えて、資源利用の効率性と基本的なニーズを満足させる能力について科学的および技術的システムを評価する規準がないことが、生態的および経済的な不安定さに向かってますます突進するような条件をつくりあげ、こうした破壊的な傾向を抑止し、防止するための合理的かつ組織的な対応がないのである。

生態的にも経済的にも不適切な科学と技術を導入すれば、発展どころか低開発にとどまる。資源を貪欲に利用するプロセスを基にした近代化は、そうした資源を生活のために利用している地域社会から間接的か、あるいはその生態的作用によって直接的に資源を物理的に取り上げる。こうした条件下の成長はすべての人々のための発展を保証しない。資源の転用あるいは破壊によってマイナス影響を受ける人々には低開発の状況がもたらされる。資源についての相反する需要はこのように成長を通じて経済の分極化をもたらす。大衆のエコロジー運動が激しさを加えていることは、こうした分極化の徴候であり、自然資源が人々の生存に重要な役割を果たしていることを思い出させる。したがって、自然資源を他の用途に転用したり、他の用途を通して破壊することは貧困化を深め、生存の脅威を高めるものである。

低開発は一般的には、近代西欧科学と技術システムの欠如がもたらす状態として描かれている。しかしながら、貧困と低開発はたいていは、数百万人の生計を支えている資源集約的で、資源破壊的な技術的プロセスの外部化された見えざるコストによってつくられている状況である。

すべての産業革命の経験は、いかにして貧困と低開発が、その時代の成長と発展の全プロセスの不可分の要素となっているかを示している。そのプロセスの収益は社会あるいは国のひとつの階層のものになり、経済的あるいは生態的なコストは残りの階層が負担する。

最初の工業化は仕事の機械化にもとづいており、その中心は繊維産業であった。第二の工業化は農業やその他の部門におけるプロセスの化学化にもとづいており、新たに出現した第三の工業化は、生命プロセスの工学的操作にもとづいている。

我々は、特殊利益団体が始めた技術改革はその利益団体には開発をもたらすが、他の集団には低開発を押しつけるものであるということの教訓をいくつか、歴史から学ぶことができる。

植民地化と糸車

繊維業の機械化は第一次産業革命の主要な技術革新であった。技術革新が一九世紀初めに英国繊維産業に十分な影響を与える頃には、英国はインドなどの植民地の資源と市場を完全に政治的に支配していた。インドはその時までは世界市場における繊維の主要な生産国であり、輸出国であった。英国の産業化はある程度、インドの非産業化を土台にしていた。英国の発展はインドの低開発を土台にしていた。インドの独立運動が、ヨーロッパの産業化プロセスに組み込まれた第三世界の資源と人民に対する支配からの解放が大きな目的となっていたのも偶然のことではなかった。インド独立闘争の二つのシンボルは「チャンパラン・サティヤーグラハ（チャンパラン県の非暴力闘争）」（それまで一部階級のものにすぎなかった非暴力闘争が、農民を巻き込んだものに変わっていくきっかけとなった―訳注）と「チャルカー（糸車）」であった。チャンパラン・サティヤーグラハは、英国繊維産業で染料として使うためのインジゴを強制的に栽培させられることに対する平和的な反乱であった。「チャルカー」すなわち糸車は、依存でなく自立を生みだす技術的な代替手段であり、生計を破壊するのでなくて、生計を支える手段であった。

英国繊維産業における急速な技術革新は、資源と市場をすでに支配していたからこそ可能であったが、インドの繊維産業の停滞と衰退は、まず第一に市場を、次には原料に対する政治的支配権を喪失した結果であった。インド繊維産業の崩壊は必然的にインドの織工の技術と自治を破壊した。この破壊はたいていはきわめて暴力的であった。たとえば、インドの手織り繊維のほうが英国の繊維工場の商品よりも優れている時には、ベンガルの優秀な織工の親指を切り落として、市場競争力を断ち切った。[1] 英国商人によるインド人織工の暴力的な操縦と支配の影響が出始めたのは、一七五七年のプラッシーの闘いで東インド会社がシラージュッ・ダウラ太守（ムガル時代の州総督―訳注）を打ち負かして、領土の実権を握った時からである。それ以前は、インド人織工は独立した生産者であり、自分たちの商品に対して管理権をもっていた。東インド会社は土着の商人のかわりに、「雇い入れた使用人集団を使い、会社からの指示のもとに、これまで誰ももっていなかったような強制的な権限を織工に対して行使させた。東インド会社は市場を事実上独占し、原料に対する支配権を有効に行使し、織工の道具に対してもその支配権を伸ばし始めた。この会社のもとでは、織工は賃金労働者にすぎず、その労働条件や期間については織工は何の管理権ももたなかった」。[2]

このように資源と市場に対する支配権が損なわれ、伝統的なインドの織工は姿を消した。織物業から大勢の人々が出ていった。一九世紀の中頃に、英国で綿輸出に携わっていたインドの綿業者によって、新しい繊維技術がインドに持ち込まれた。この新しい有力商人集団は、工場所有者と手織りの織工を同じ市場と同じ原料で競争させた。英国のランカシャー州と後にインドに建てられた繊維工場は、インド人織工から市場と原料の両方を奪いとった。英国繊維産業に供給していたアメリカの綿が南北戦争によって途切れた時、一八六〇年代に有名な綿飢饉が勃発したが、英国人はインドの綿を握ることによって即座に危機に対応した。綿飢饉はインドにも波及した。一八六四年の政府調査は、衣類の生産と供給の光景を次のように描いている。

「国民全体がこれまでになく裸同然となっていることは歴然としている。貧乏人はみな、自分の衣類や綿のあらゆる用途で、想像できないほどの節約をしている。貧乏人はターバンや穴のあいた布をボロになるまで身につけ、下着はなしで済ませ、スーツが窮屈になっても毎年替えるようなことはしない(3)」。

インドに新設された新しい繊維工場は手織り織工に破滅的な影響を与えた。

「産業の発展は手織産業まで侵害し始めた……。これまで手織産業の特別な保留地として考えられていた地区に工場が進出してきたことは多くの二次的な影響を与え……、手織織工の労働条件をこれまでになく悪化させた……。実際の失業率は、遊休手織機の統計に現れていた。（手織機と繊維工場に関する）調査委員会によって、失業率は一九四〇年で一二％と推定された[4]」。

インドが西欧を手本にして工業化することをガンジーが批判したのは、その工業化によって貧困、強奪、生計破壊がもたらされているという認識があったからである。

「インドは西欧的な意味で工業化しなければならないのだろうか？」とガンジーは問いかけた。「ある条件下のある国にとっては良いことでも、別の状況にある国にとっても良いとはかぎらない。ある人の食物が別の人の毒ということがよくある。仕事を達成するのに人数が少なすぎるというのなら、機械化も結構である。インドのように仕事に必要な以上に人手が余っている場合、それは悪である[5]」。

ガンジーが解放のシンボルとして、また発展の手段として糸車を考えたのは、インドの暮らしを再生させるためであった。動力で動かす繊維工場は、初期の産業化時代における開発のモデルであった。しかし、繊維工場が原料と市場を貪欲に欲しがることが新たな貧困の原因となり、土地や作物を地元民の生活でなくて工場に転用したり、あるいは地元産品が市場を追われることによって、暮らしが破壊され、貧困が生みだされた。

ガンジーは「何事であれ何百万人単位でまとまって事にあたれば、たぐいまれなパワーが生まれる」と語った。糸車はそうしたパワーのシンボルとなった。「糸車自体には生命はないが、象徴的な意味をそれにこめるなら、私にとっては生きたものになる(6)」。

ガンジーが一九〇八年に『インドの自治(ヒンドゥー・スワラージ)』という小冊子で、糸車をインドで広がっている貧窮の万能薬であると説明した時に、ガンジーはそれまで糸車を見たことがなかった。南アフリカからインドに戻った一九一五年でさえも、ガンジーは実物の糸車を見たことがなかった。しかし、ガンジーは工場製の織地を使うことを拒否することは、植民地主義からの解放のために必須であると考えた。ガンジーはサーバルマティーにあるサティヤーグラハ・アーシュラム（インド各地にガンジーがつくった修業所のようなもの。中産階級の人々が糸紡ぎなどを学んだ―訳注）に手織機を据え付けたけれども、糸車も、たいていは女性である紡ぎ手も見つけることができなかった。一九一七年にガンジーの弟子のガンガベン・マジュムダールが糸車を探し始め、一台をバローダ州のヴィージャプルで発見した。ごくわずかな人々が自宅に糸車をもっていたが、無用のガラクタとして屋根裏に片付けられていた。今やその糸車が引きずり出され、まもなくヴィージャプル・カーディー（手紡綿糸による手織物―訳注）の名前が知られるようになった。カーディーと糸車はまもなくインド独立運動のシンボルとなった。

糸車は、資源を保護し、大衆の生計を守り、自分たちの生活に対する支配権を維持するための技術を象徴していた。英国繊維産業の帝国主義にくらべて、「チャルカー（糸車）」は地方分権的で、労働創出的であり、労働者を追い払うことはなかった。糸車は人間の手と心を必要とし、彼らを余分なものとか、産業プロセスのたんなる投入物として扱うことはなかった。地方分権主義、生計手段の創出、資源節約、自給自立の強化は、植民地主義をともなう産業化が生みだした中央集権によるムダ、生活破壊、資源枯渇、経済的および政治的依存を元の状態に戻すためには欠くことができなかった。

ガンジーの糸車は、科学と技術の発展という概念における絶対主義と偽りの普遍性から生じた進歩と時代遅れの概念に対する挑戦である。時代遅れと浪費は、政治的および生態的な要素をもっている社会的な構成概念である。政治的には時代遅れという概念は、生産活動を非生産的であると定義し、民衆がもっている生産の管理権を進歩という名目で排除することによって、民衆の生活や生計の管理権を取り上げることである。そうすることによって時間をムダにするよりは、人手をムダにする。生態的にも時代遅れの概念がゆき過ぎると、自然の多様性のかわりに、製品の均一性をもってくることによって、自然の再生能力を破壊する。それがもたらす貧しい人々と多様性の排除が、狭い還元主義的な生産性の考え方によって導かれた技術発展の政治的エコロジーを構成する。狭い生産性の考え方が普遍的なものと認識されて、民衆から生活の再生手段についての管理権を奪いさり、自然からは多様性を再生する能力を奪いさる。

生態的な浸食と暮らしの破壊は互いに結びついている。多様性を排除し、人々の生計手段を排除することはともに、中央管理によってつくりだされる均一性を土台とする発展と成長の考え方から出ている。この管理プロセスでは、還元主義的な科学と技術は、経済力のある利害関係者のしもべとして機能する。工場と糸車の争いは新しい技術が出現してから続いている。

種子の植民地化

植民地時代に繊維産業で起こった変化は、インドが独立した後、緑の革命に入ってから、農業で再現された。その変化が緑の革命による農業の化学化であれ、新しいバイオ技術を通じての変化であれ、種子が農業生産の最近の変化すべての中心にある。

生物の多様性を技術的に変えることが、「改良」という言葉と「経済的価値」の増大ということで正当化されている。しかし、「改良」と「価値」は中立的な言葉ではない。この言葉自体が状況とかかわっており、価値観が入っている。ある状況での改良は、別の状況における退行であることがよくある。ある視点からの価値の付与が、別の視点から見ると価値の喪失である。

種子の「改良」は中立的な経済的プロセスではない。さらに重要なことに、多様性の管理権を地元の小農民から多国籍企業に移し、生物体系を自らが再生産できる完全な体系から原料に変えてしまうような政治的プロセスである。新たなバイオテクノロジーは種子とともに権力の所在を変えるために雑種化の道をたどっている。

ジャック・クロッペンバーグが述べたように、

「これは『種子』としての種子と、『穀物』としての種子を切り離し、種子を使用価値から交換価値へと変化させる」[7]。

農業研究は主として、農業に資本が侵入するのを防ぐ障壁を排除するための手段となっている。もっとも大きな障壁とは、自らを再生し、増殖する種子の性格である。したがって種子は、作物生産プロセスの両端をつなぐ二重の性格をもっている。すなわち種子は生産手段であるとともに、穀物としての生産物でもある。毎年作物を植え付けることによって、農民は生産手段として必要な種子を再生産している。したがって、種子は、適切な条件さえ与えられれば自ら増殖するという単純な生物的な障壁をもった資本である。

したがって、種子市場をつくらなければならないとすれば、種子を物理的に変えなければならない。

現代の作物育種は第一に、種子を市場に出すための生物学的な障害を排除する試みである。自らを再生産する種子はただであり、共有資源であり、農民の管理下にある。企業の種子はコストがかかっており、企業あるいは農業研究機関の管理下におかれている。共有資源を商品に変え、自己再生的な資源をたんなる「インプット」に変えることにより、種子の性格のみならず、農業そのものの性格も変わってしまう。この変化は小農民から生計手段を奪い取るので、新しい技術は貧困と低開発をまねく手段となる。

種子と穀物を切り離すことによって、種子の地位が変わっている。自ら生産する最終製品であり、自然の種子、民衆の種子であったものが、商品としての企業の種子生産のための原料となっている。したがって、生物多様性を再生するサイクルにかわって、農場や森林からただで採った生殖質を実験所や研究室に持ち込む単線的な流れと、手を加えて均一にした商品に値段をつけて企業から農民に渡す流れに変わっている。多様性は、均一性をベースにする産業生産のためのたんなる原料に変えることによって破壊され、当然ながら地元の農法の多様性も姿を消す。

作物栽培システムは一般に、土壌、水、植物の遺伝資源の相互作用を含む。たとえば土着の農業では、作物栽培は土壌、水、家畜、作物の共生的な関係をもつ。緑の革命の農業は農場においての統合を、種子や農薬などのインプットの統合に置き換える。土着の作物栽培システムは内部の有機的な投入物のみをベースにしている。種子は農場から採り、土壌の生産力は農場でつくられ、害虫駆除は作物の混作に組み込まれている。緑の革命の包括計画では、収量は、種子、化学肥料、殺虫剤、石油、集約的な灌漑など、購入したインプットと密接に結びついている。高収量は種子に本質的に備わっているものではなくて、インプットの使用度によって決まる。第二章でふれたように、国連社会開発調査研究所（UNRISD）が一五カ国で新しい種子の影響についての調査を行ない、「高収量品種」という用語は新しい種子そのものが高収量であるかのような意味をもつので、誤称であると結論づけている。この種子の卓越した特徴というのは、肥料や灌漑などのある種の重要なインプットに対する反応が大きいということである。したがって、パーマーは高収量品種（HYV）のかわりに、「高反応品種（HRV）」という用語を提案した。[8]

クロード・アルバレスが言ったように、「人類は初めて、成長と生産のために自力では対応できず、人為的環境におく必要がある種子を生産した」のであった。[9]

このような種子の性格における変化を正当化するために、自己再生的な種子を「原始的」で、「生の」生殖質として扱い、インプットがなければ不活性で、再生不可能な種子を最終商品として扱う枠組みがつくられている。全体を部分として表現し、部分が全体として表現されている。商品化された種子は生態的には不完全であり、二つの面で破綻している。

一、種子はその定義上は再生可能な資源であるけれども、商品化された種子は、自己再生しない。したがって、遺伝的資源は、技術的な操作を通じて、再生可能なものから、再生不可能なものに変わっている。

二、商品化された種子はそれだけでは生産しない。この種子が生産するには、インプットの助けを必要とする。種子会社と農薬会社が一体となるので、インプットへの依存は減るどころか、高まるであろう。生態的には農薬が外部から加えられようと内部からであろうと、種子の再生産の生態的なサイクルでは農薬は外部的なインプットである。

農民の収奪と遺伝的破壊の問題の下に横たわっているのは、生態的な再生プロセスから生産の技術的プロセスへの移行である。

新しい植物バイオテクノロジーは、緑の革命のHYVの道をたどり、農民を技術によって果てしなく労苦に追いやることであろう。バイオテクノロジーは両極化のプロセスを促進するとしても、農民を投入物の購入にますます走らせるものと予測することができる。バイオテクノロジーは農薬の使用を減らすどころか、ますます増やしてゆく。遺伝工学における研究の主眼は、作物を化学肥料と害虫から解放することではなくて、殺虫剤や除草剤に耐性をもつ品種をつくることである。種子と農薬の多国籍企業にとってはそのほうが採算が合う。作物に合った農薬をつくるよりも、作物を農薬に合わせたほうが安上がりだからである。新しい作物品種を開発するコストは二〇〇万ドルを超えることはめったとないが、新しい除草剤の開発コストは四〇〇〇万ドルを超えている。

第六章で論じたように、除草剤と殺虫剤耐性は、種子と農薬の結合と多国籍企業の農業支配をますます強めるであろう。多くの巨大な農薬会社は、自社ブランドの除草剤に耐性のある作物を開発している。チバガイギーの除草剤アトラジンに耐性がある大豆がつくられ、そのためにこの除草剤の年間売上げは一億二〇〇〇万ドルにまで増えた。ほかにもデュポンの「ジスト」や「グリーン」やモンサントの「ラウンドアップ」などのような除草剤に耐性のある作物を開発する研究が行なわれているが、これらの除草剤はほとんどの草木性植物を死滅させるので、直接作物に使うことができない農薬である。商標名をもつ除草剤に耐性のある作物を開発し、販売することに成功すれば、農業市場の経済的な集中度はさらに高まり、多国籍企業の市場権力を強める結果をもたらす。農民は土地を所有しているだろうが、会社は畑の作物を所有しており、遺伝的なプログラムが入っている種子から成長する作物の成育状況とニーズをコンピュータでモニターし、それによって指示を与えるだろう。

このように、バイオテクノロジーは農民から生産手段としての種子を奪いとる手段となりうる。種子の生産が農場から企業の実験室に移動することによって、北と南、さらに企業と農民の間で権力や重要性が移動する。自家栽培の種子が排除されることによって、農民のバイテク産業への依存は急激に高まり、金額にして年間およそ六億ドルとなる。

バイオテクノロジーは、商業利益に合わないけれども自然と人間の生存にとっては必須の作物あるいは作物の一部を選択的に排除することによって、収奪の手段となる。植物の特徴を選びだして「改良」することは、自然あるいは地元民の消費にとって有用な他の特徴を切り捨てるということである。改良は階級やジェンダーに中立的な概念ではない。配分の効率を改善することは、「望ましくない作物の一部を犠牲にして、望ましい生産物の収量を高めること」を土台にしている。しかし、望ましい生産物は、豊かな人々と貧しい人々によって異なり、豊かな国と貧しい国によっても異なり、効率もまたそれによって異なる。インプットという点でも、豊かな国民と豊かな国は労働力が不足しており、貧しい国民と貧しい国は資本と土地が不足している。しかし、ほとんどの農業発展は資本のインプットを増やし、一方では労働者を追い出し、生計を破壊している。アウトプットの点では、裕福な人々にとっては「望ましくないもの」として扱われている作物がもつ農業システムの側面が、貧しい人々にとっては望ましいことかもしれない。貧しい人々に役立つ作物あるいは「作物の一部」が、商業利益に追いやられて、通常の改良の優先順位によっては供給されにくくなっている。

インドの場合、緑の革命の作物改良によって姿を消した作物は、大衆と土壌の栄養ニーズにとって重要なマメ類と油脂作物である。緑の革命によって広がった小麦と米の単一栽培は、有用な作物を雑草に変えてしまった。一緒に栽培されていた緑葉野菜などがその例である。除草剤を使うために、貧しい人々にとって有用な植物が死滅してしまい、殺虫剤を使用することで、アジアの稲栽培システムでたいてい水田耕作と一緒に行なわれていた魚の養殖が破壊されてしまった。生物多様性の破壊によるこうした損失は、単一栽培の収量を増加することによってもたらされたものであるが、技術変化の生産性を測定する時には決して内部化されることがない。実際は、増えたインプットと減ったアウトプットは生産性の測定においては外部化されている。生産性とはインプットの単位当たりのアウトプットの測定である。アジアの村における典型的な自給農家は二〇種以上の作物を栽培し、家畜を飼っている。個々の作物は多目的である。たとえば、米は食糧の一部でしかない。米粒をとった後の残りは、先進国の農家におけるように廃棄すべき厄介物ではない。ワラは役畜のえさにしたり、調理の燃料にしたり、翌年の作物のための田畑の肥料にもなる。ワラともみ殻は重要な建築材料である。稲の在来種はワラが穀粒よりも五倍も多く、食物、飼料、燃料、肥料、住宅材料などの重要な物資であった。

しかし、植物育種家は米を食物としか見ておらず、穀粒の収量を増やすための科学技術をつくりあげた。在来の作物種は、茎の丈が長くて細く、大量の肥料を与えると、穀粒の収量を増やすというより、作物が全体的に成長する。一般的には、作物が過度に成長すると茎が伸びて折れて、稲穂が地面に倒れてしまい、作物の大きな損失となる。緑の革命を始めることになったHYVの「奇跡の種子」は、生物的に操作して矮性種にしている。こうした新種の重要な特徴は、それ自体がとくに生産的というわけではないが、相対的に灌漑の頻度と量を増やすならば、在来種よりも三倍も四倍も肥料を吸収して、穀粒に変えることができるということである。これらの品種は病虫害にきわめて弱い。

同じ量の肥料では、HYVと在来種は同じ総量のバイオマスを生産する。HYVは茎についている穀粒の量を増やす。したがって、在来種は茎のほうが穀粒の四倍から五倍も多いけれども、HYVはふつう穀粒と茎の比率が一対一である。したがって、在来種からHYVの稲に転換することによって、入手できる穀粒が増えるが、茎(ワラ)は少なくなる。豊かさは不足を生む。全体的なバイオマスとしてのアウトプットは増えないが、インプットは劇的に増える。たとえば、HYVの小麦は在来種の三倍の灌漑を必要とする。もし水を重要なインプットと考えるならば、新しい種子の生産性は在来種の生産性のわずか三分の一にすぎない。水の使用ということについては、緑の革命のほうが明らかに反生産的である。灌漑の頻度が増えれば、湛水や塩類集積などの将来的なコストがかかることは、インドのパンジャブの経験が示すとおりである。マハーラーシュトラやタミール・ナードゥなどのような他の州では、緑の革命は大規模な地下水位の上昇の原因になっている。緑の革命を推進している世界の各地域で大規模な乾燥化が起こることは現実に可能性がある。ここでも豊かさが不足を生む。

水、肥料、殺虫剤の使用が増えることは、金銭的な意味でアジアの農民にとっては反生産的である。国際稲研究所（IRRI）で行なわれた調査によれば、フィリピンの平均的な米作農民が在来種と在来農法で栽培した総生産コストは一ヘクタール当たりおよそ二〇ドルであったが、新しいHYVを栽培するとこのコストは二二〇ドルにはね上がった。

農場のエコシステムの諸要素を分断して、遠い市場や産業と結びつくことが、現代の「科学」的農業の特徴である。この食糧生産システムを導入するためのもっとも一般的な正当化の論理は、農業の生産性が上がるということである。しかし、現代農業の高い「生産性」は、全部の資源のインプットを考慮した場合は神話でしかない。その生産にともなう社会的および生態的なコスト、肥料、殺虫剤、労働力にかかわるエネルギーや装置の使用を考慮に入れずに、このシステムが生産的であるように意図的に描かれている。現代農業にすべてのインプットを与えるのに使われるエネルギーを、生産された食物のカロリーから差し引いたなら、現代農業は反生産的である。今世紀の変わり目には、北の諸国においてさえも、一カロリーの食物を一カロリー以下のエネルギーの投入で生産していたので純益があったが、今日では同じ一カロリーの食物を生産するのに一〇カロリーを使っている。

工業化された農業の高い生産性や効率は、豊かな人々や豊かな国の財産にふさわしいインプットとアウトプットを選ぶことによって、状況的に決定される。新たな農業技術を推進する前に、ちょっと立ち止まって、生産を高めるために利用できるのに、これまで検討されたことのない別の道を見つめてみることが賢明であろう。農業の代替手段は、自然と人々の生計を守ることを土台にしてきており、収量を上げるけれども、自然や生計を破壊することはない。

農薬を多用し、労働力を排する農業のみが生産的であるという神話は最近、アメリカの全米研究協議会の大規模な研究によって問い直された(10)。この報告は「代替農業」というタイトルで、代替農業システムは、化学農業がもたらす健康と環境の危険を減らし、経済的にも発展性があることを示している。伝統的に、化学農業と代替農業を比較する際評価のほとんどは、主として、特定の農法を採用することのコストと利益に注目してきた。代替農業システムが農場全体の経済的業績に与える影響を考慮した研究は少ない。同協議会は、代替農業システムを広範にわたって採用した場合の影響について調べた有益な研究をまったく見つけることができなかった。さらに、成功している代替システムをもつ在来農業のコストと利益を比較した総合的な研究もまったく見つけることができなかった。ほとんどの研究は、在来の農法を類似の農場の経済的成果と比較するという欠陥のあるアプローチをとっており、代替方法をとっている農場と比較するかわりに、あるカテゴリーの農場のインプットを引き上げた場合を想定している。緑の革命や化学農業を支持するという偏向が、その評価や代替農業の可能性を歪めた。しかしながら、代替手段について新たに調査した結果、持続可能な農業システムがかならずしも生産性や収量を犠牲にしないことがわかってきている。

トンプソン農場の事例研究では、トウモロコシの全国平均が一エーカー当たり一二四ブッシェルのところを一三〇～一五〇ブッシェルの収量をあげ、大豆では四〇ブッシェルのところを四五～五五ブッシェル、干し草では三～四トンであるところを四～五トンの収量をあげていることを立証した。同じように、キタミラ農場におけるトマトの三五・五トンの収量は全国平均よりもはるかに高かった。

エネルギーと農薬を多用する農業から離れ始めているのは、アメリカのような国ばかりでない。インドでは、プラタプ・アガルワルがマッディヤ・プラデシュ州ラスリアにあるフレンズ・ルーラル・センターで一〇年にわたって「リシ・ケティ」とよばれる代替農業の実験を行ない、土着の種子を使い、外部からのインプットを使わずに、それまで農場で行なっていたＨＹＶ種子や集約的な農薬と灌漑利用の緑の革命方式の農業よりも高い収量をあげた。(11)

ウッタル・プラデシュ州のタライグ地域では、ほとんどの農民がパントー4とよばれるＨＹＶに移行しているなかで、インデル・シングという名の地元農民は在来種の栽培を続けていた。集中的な灌漑は地下水位の低下をもたらしたので、水を必要とするＨＹＶはもはや栽培することができなくなった。インデル・シングの種子は役に立った。生産性が高く、肥料と水の投入という面での栽培コストが低いために、インダラサンとよばれる品種（インデル・シングの名前にちなむ）の栽培はその地域のほぼ五〇％に広がった。干ばつの年もインダラサンはパント-4よりもはるかに強く、一エーカー当たりで三二クィンタルの収量があったが、それにくらべてパント-4のほうは停滞し、灌漑地で一エーカー当たり二〇クィンタルにすぎなかった。灌漑をしなければHYVは完全にダメである。インダラサン種は市場でさらに値が上がり、一クィンタル当たり二〇八ルピーで売れ、パント-4のほうは一クィンタル当たり一七五ルピーであった。[12]

フィリピンでは一九八六年五月二九日に、MASIPACセンター（農民科学者農学開発センター）がヌエバ・エシハ州ハエンに開設された。センターの計画は、緑の革命のような資本と外部投入に依存することのない代替農業をつくりあげることである。[13]

成果をあげている代替農業の世界的な模範は存在し、発展しているけれども、世界で支配的な農業観によって無視され続けている。そして、こうした代替提案にこそ、持続可能な農業を育てる種子がある。こうした代替方法に目をつぶるだけでは、そうした方法が存在していないことの証拠にならない。それは理解していないことの表れにすぎないのである。

バイオテクノロジーと生物多様性の保存

緑の革命とバイオテクノロジーの開発がもたらしている大きなパラドックスは、現代の作物改良は、その原料として使っている生物の多様性を破壊することにもとづいているということである。動植物の育種の皮肉なところは、技術がよって立っている土台そのものを破壊していることである。

農業の近代化計画は新たな均一の作物を農場に持ち込んで、在来種の多様性を絶滅に追い込む。マサチューセッツ大学のギャリソン・ウィルクス教授の言葉を借りれば、建物の土台から石をとって屋根を修理しているようなものである。

ブライアン・フォード・ロイドとマイケル・ジャクソンは次のように説明している。

「植物の遺伝資源をとりまく現在の国際活動は、逆説的な問題に立ち向かおうとしている。それは、世界中の科学者が良質で高収量品種の作物を開発することに従事しており、ますます大規模にそれらを使用しようとしていることである。しかし、それにともない、遺伝的に変わりやすく、収量が低く、伝統的に地元で栽培されている品種が、現代農業の商品によって駆逐される。すなわち、均一性が多様性に取ってかわるケースである。我々がパラドックスと見るのはこの点である。なぜなら、これらのまったく同類の植物育種家が成功するかどうかは、多様な遺伝物質のプールがあるかどうかにかかっているからである。彼らは、自分たちが知らないうちに破壊しているものに依存しているのである[14]」。

このパラドックスは価値と有用性の割り当てを根本的に間違っており、「現代」の品種のほうが本質的に優秀であると考えるところから出てきているのだが、それらの品種が優れているのは、植物の遺伝資源に対して強い支配権をもち、市場のためにある種の商品を限定生産するという状況においてのみなのである。

一九九〇年代の課題は、自然と社会の大部分を絶滅させることを正当化するような間違った「時代遅れ」と生産性の考え方から脱却することが土台となる。同質性と均一性を多国籍企業が推進しているのは、多国籍企業が市場を支配するためには商品を均一にしなければならないからである。このことは現代の研究制度が市場に反応する形で発展してきたという性格にもその一因がある。ほとんどのバイオ研究は多国籍企業から指示されているので、求められている解決策もまた国際的であり、同質的であるという特徴をもたざるを得ない。多国籍企業は小さな市場のために活動するという傾向はもたず、大きな市場のシェアをめざす。さらに、研究者は単純化して、系統的に取り組むことができ、安定的に広範囲に応用できるような成果がでる課題を好む。多様性は科学研究の規格化に反する。

しかしながら、市場や単一栽培で測定する場合のように部分的な生産高が増えたとしても、自然の経済や暮らしの経済の多様性で測定するなら、たいていは生産減である。多様性の文脈においては、生産の増加や生産性の向上は、生物多様性の保存と一致する。それどころか、多様性に依存している場合が多い。

しかしながら、バイオテクノロジーの開発が自動的に生物多様性の保存につながるかのような誤解が広がっている。バイオテクノロジーを生物多様性の危機の奇跡的な解決策として見なすことの大きな問題は、バイオテクノロジーというのは本質的に、均一な動植物をつくるための技術であるという事実に関連している。ところが、バイテク会社は遺伝的多様性に寄与すると宣伝している。チバガイギーのジョン・デューシングは次のように述べている。

「特許を保護することによって、競争的で多様な遺伝的解決策の開発が促され、こうした多様な解決策のアクセスは、バイテク・エコロジーと種子産業で自由市場勢力が機能することによって確保される[15]」。

しかしながら、企業戦略の「多様性」と、地球上の生物の多様性は同じものではなく、企業の競争を、遺伝的多様性をつくる自然の進化の代替手段として扱うことはできない。企業の戦略と生産物は、商品を多様化することはできるが、自然の多様性を豊かにすることはできない。商品の多様性と生物の多様性保存の混同は、原料の多様化と似ているところがある。育種家は多くの場所から採った遺伝資源を原料として投入しているけれども、農民に再び売りつける種子商品は、均一性という特徴をもっている。均一性と独占的な種子販売は手をつないでいる。この独占支配が還元主義的に実行される時には、多様性の破壊がさらに加速される。

クロッペンバーグは次のように警告している。

「種の間で遺伝物質を移動させることは、新たな品種を導入する手段であるけれども、それ

彼らは言う。
あんたたちは何も知らないし、遅れている。
もっと良い頭に変えたほうがよいね。

彼らは言う。
この世で生まれ変わるような
学識ある先生が、
あんたたちをそう言っていると。

この川の両岸に何が見えますか、
先生？
双眼鏡とメガネを出して、
よく見てごらんなさい。
段々畑には
500種類の花が咲き、
500種類のジャガイモが育っている。
あなたの目に見えないような彼方の
あの500種の花が
わたしの頭であり、
わたしの体なのです。

Photo: Carlos Reyes/Andes Press Agency

ホセ・マリア・アルケダスの「学者たちへの呼びかけ」から.
ケチャリア語からの翻訳はウィリアム・ロー.

は種を超えて遺伝的な均一性を操作する手段でもある」[16]。

このように生産は多様性を破壊する方向で進められており、あらゆる生物多様性がその移植地で失われる。均一性にもとづく生産は、生物多様性の保存を脅かす主たる脅威となっているのに、市場の複雑な政治経済のなかでは、それが保存の理由としてあげられている。作物改良のための遺伝的多様性の利用を、遺伝資源の探究と保存の最終目的とすべきであると論じられている。

生殖質の地位に恣意的に不平等を持ち込むことによって、生産と保存が恣意的に分離されている。一部の人々の生殖質が最終商品となり、「生産物」となるのに対して、他の人々の生殖質は、その生産物のためのたんなる「原料」となる。企業の実験室における「商品」の製造は生産と見なされる。自然と第三世界の農民による「原料」の再生産はたんなる保存である。ある領域における「付加価値」は、別の領域で「盗んだ価値」をベースにつくられている。このようにバイオテクノロジーの発展は生物多様性の破壊と貧困の創出に変わる。

生物多様性の保存のための大きな課題は、多いものを少なく見せかけ、少ないものを多く見せかけるような還元主義者の目隠しを撤去することである。この偽りの「成長と生産性」の社会的構成は次のようにして達成される。

一、作物と作物の一部分を「望ましくないもの」として排除する。

二、資源と知識の偽りの階級をつくり、多様性を二分法に分断する。

多様性を生産の論理にしなければ、多様性を保存することはできない。もし生産が均一性と同質性をベースにしてゆくなら、均一性は多様性を排除し続けるであろう。企業の見地や西欧の農業研究の見地からみた「改良」は、第三世界にとって、とくに第三世界の貧しい人々にとってはたいていはロスである。したがって、生産がかならずしも多様性に反するというわけではない。生産様式としての均一性は、支配と収益性という文脈においてのみ必然的となる。

持続可能な農業のすべてのシステムは、過去のものであれ、未来のものであれ、多様性と相互依存の永久的な原則をもとにして動いている。二つの原則は独立しているのではなくて、相互に関連している。多様性は、ギブ・アンド・テイク、相互関係や相互依存のための生態的なスペースをつくりだす。多様性の破壊は単一栽培を生みだしたことが原因であり、単一栽培をつくりだしたことで、多様なシステムの自己管理や分権的な組織が退けられて、外部の投入や外部の中央集権的な支配に道をあける。持続可能性と多様性は生態的には結びついている。なぜなら多様性は、システムのいかなる部分の生態的な変動も癒すことができるような複数の相互作用をもつからである。非持続可能性と均一性は、ひとつの部分に起こった変動が、他のすべての部分の変動に変わることを意味する。生態的な不安定性が抑制されるどころか、増幅する可能性がある。生産性の問題は多様性と均一性の問題に密接に結びついている。収量の増加、生産性の増加が、均一性の導入の主たる動因であり、組立てラインの論理である。成長の必要性は単一栽培の必要性を生みだす。しかし、この成長は、ほとんどの場合、社会的に構成された価値観をともなうカテゴリーである。これは、多様性や多様性を通した生産の事実を排除し、抹消することによって、「事実」として存在する。したがって、持続可能性、多様性、分権的な自己組織化は結びついており、同じように非持続可能性、均一性、中央集権化は結びついている。

たんなる保存の様式でなく、生産の様式としての多様性は、多元性と分権化を保証する。多様性は、生物システムを「原始的」と「進歩的」に二分することを防ぐ。ガンジーが糸車を探し求めることによって、繊維生産における退行と生産性の偽りの概念に挑戦したように、第三世界のグループは、何世紀にもわたって農民が使ってきた種子を求め、それらを未来派的な自給自足農業の土台にすることによって、農業生産における偽りの時代遅れの概念に挑戦している。

特許、知的財産、知識の政治

糸車が初期の技術革命で、後向きの時代遅れなものと見なされたように、企業の種子を富の創出の基盤とするプロセスにおいては、農民の種子は不完全であり、価値がないものと見なされている。土着の品種である在来種は、自然と人間の両方が選抜して発展させたものであり、第三世界の農民が生産し、使っているが、こうした品種は「原始的栽培種」とよばれている。国際研究センターにいる現代の植物育種家や多国籍種子会社がつくった品種は、「進歩的」とか「選良」とよばれている。「原始的」および「選良」などの言葉に潜んでいる階級意識は、紛争の過程で明確なものになる。したがって、北はいつでも第三世界の生殖質をただで入手できる資源として使い、無価値のものとして扱っている。進んでいる資本主義国は、途上国の遺伝的多様性の宝庫に自由にアクセスする権利を望んでおり、一方、南は北の産業がもつ独占権のある品種を同じように「公共」物として宣言させたいと思っている。しかし、北は市場の論理にもとづいた、こうした民主主義に反対している。国際植物遺伝資源理事会（ＩＢＰＧＲ）のウィリアムズ書記長は「現金の利益を生みだしているのは元になっている原料ではない」と主張した。

パイオニア・ハイブレッドが主催した一九八三年の植物育種についてのフォーラムは次のように宣言した。

「一部の人々は、生殖質は一般大衆に属する資源であるので、改良品種は原産国の農民に原価か無料で提供すべきであると主張している。この意見は次の事実を無視している。『未加工の』生殖質が価値あるものとなったのは、異国の生殖質を応用植物育種家が採取して、農民に有用な品種にその生殖質を組み入れるために相当の時間と金を投資した事実があるからである」[17]。

企業の考え方では、市場に役立つ価値のみが価値である。しかし、あらゆるもののプロセスは生態的なニーズや社会的ニーズに役立つが、こうしたニーズは企業の独占的な傾向によって損なわれている。

改良した生命体の特許保護の問題は、遺伝資源の所有権と管理という未解決の政治問題を数多くまねいている。この問題は生命体を操作するときには、何もないところから始めるわけではなく、おそらくは慣習法によれば他人に属する他の生命体から、操作を始めるというところにある。第二に、遺伝操作とバイオテクノロジーは新しい遺伝子をつくるのでなく、生物にすでに存在している遺伝子をたんに移動させるだけだということである。遺伝子を特許制度を通じて有価物とすることによって、遺伝資源のアプローチに危険な変化が起こる。

ほとんどの第三世界の諸国は遺伝資源を共有財産であると思っている。ほとんどの国では、動物と植物はごく最近までは特許制度から排除されていたのだが、バイオテクノロジーの出現によって、生命の所有権の概念が変わった。新しいバイオテクノロジーによって、生命がいまや所有できるものになった。遺伝操作能力によって、生物はその遺伝的な成分にまで還元される。何世紀にも及ぶ改良は完全に価値を失い、生命体の独占権を、新しい技術で遺伝子を操作する人々に与え、彼らの貢献を高く評価し、第三世界の何世代に及ぶ農民たちによる動植物の遺伝資源の育種、栽培、開発などの分野における知的貢献よりも上においている。

パット・ムーニーは次のように論じた。

「知的財産は、実験室で白衣を着て実行する時に初めて認められるという議論があるが、これは根本的に科学的発展の人種差別的な見解である」[18]。

二つの偏見がこの議論のなかに内在している。ひとつは、第三世界の農民の労働力は価値がなく、西欧の科学者の労働力は価値があるという偏見である。第二に、価値は市場においてのみ測ることのできる尺度だという偏見である。しかし、「農民が一世紀をかけて達成した遺伝的変化のトータルは、百年かそこらの体系的な科学的な努力によって達成した遺伝的変化よりもはるかに大きい」[19]。植物学者だけが種子の有用性の唯一の生産者ではないのである。

農民の種子の有用性は、たとえそれに市場価値がなくとも、高い社会的および生態的な価値をもっている。価値の割り当てに限界のある市場システムを、農民の種子に価値を認めないことの理由とすることはできない。このことは種子のステイタスあるいは農民の知性を示すというよりは、市場の論理の欠陥を示す。

一部の生殖質を価値のない共有物として扱い、他の生殖質を価値のある商品であり、私的財産として扱うことは認識論的に正当化できない。この区別は生殖質の性質によるのでなくて、政治的および経済的な権力の性質によるものである。

特許を通じて遺伝子に価値をつけることは、生物学を本末転倒させる。自然において、また第三世界の農民、部族、治療師が寄与したおかげで、何千年もかけて発展してきた複雑な生物が、各構成要素に還元され、遺伝操作のたんなるインプットとして扱われている。このような遺伝子の特許は、生命体をその構成要素に還元して、私的財産として繰り返し所有することを許すことによって、生命体の価値を低下させる。このような還元や細分化は、商業利益にとっては都合が良いかもしれないが、第三世界の共有財産の権利を損なうだけでなく、生命の本来の姿を損なうものである。知的所有権として遺伝資源の所有権を主張する間違った考え方は、FAOにおける「バイオ戦争」やGATTにおける貿易戦争がその土台になっている。アメリカのような国は、自らの特許法や知的所有権を第三世界の主権国家に強制する手段として貿易を利用している。アメリカは、第三世界の諸国が生命体の独占権を認めているアメリカの特許法を採択しなければ、「アンフェアな貿易慣行」に従事しているとして批判してきた。しかし、第三世界の遺伝資源の利用についてアンフェアな慣行に従事しているのはアメリカのほうである。アメリカは第三世界の生物の多様性をただで利用して、そこから何百万ドルもの利益を生みだしているが、その生殖質の元の所有者である第三世界の諸国とその利益をいささかも分かち合うことはなかった。トマトの野生種は一九六二年にペルーから採ってきたものであるが、水溶性の固形成分を多くする特性をもっていたため、アメリカのトマト加工産業に年間八〇〇万ドルをもたらした。しかし、こうした利潤あるいは利益のいずれも、この遺伝物質の原産地であるペルーと分かち合うことはなかった。

プレスコット＝アレンによれば、野生種はアメリカの農業経済に一九七六年から一九八〇年まで年間三億四〇〇〇万米ドルをもたらした。野生の生殖質がアメリカ経済に寄与した総額は六六〇億米ドルであったが、この金額はメキシコとフィリピンの対外債務の総額よりも多い。この野生の原料を「所有」しているのは主権国家と地元民である。[20]

特許と知的所有権が、利潤を確保する権利を守るための要となっている。人権は、生存権を守るための要であるが、その生命が新しいバイオテクノロジーによって脅かされている。バイオテクノロジーはその領域を拡大し、資本の蓄積を求め、市民に新たなリスクと弊害をもたらしている。

「自由」と「保護」という言葉は、人間的な意味を奪われて、企業の専門用語を駆使した二枚舌に吸収されている。二枚舌は、市民の基準と企業の基準、企業責任の基準と企業利益の基準というダブル・スタンダードを使いわける。

アメリカはダブル・スタンダードを実践し、第三世界の健康と安全の権利を破壊することにかけてはもっとも進んでいる。アメリカは安全規則をその地理的な国境内に限定しようとする一方で、一九七〇年のインド特許法を破棄させ、強力なアメリカ式の特許保護法に変えさせようとしているが、そのほうが先進国にきわめて有利だからである。

アメリカ政府は多国籍企業の特許保護の欠如を、アンフェアな貿易慣行であると考えている。アメリカは、公共の安全と環境保護の規制の破壊が第三世界の市民にとって非倫理的で、アンフェアであるとは考えていない。アメリカは国民の保護のための法律を国内に限定する一方で、利潤保護の法律は普遍化したいと思っている。インド国民はその逆で、国民の生命と生活の権利を保護する安全規則を普遍化して、知的財産と私的利潤に関連する法を局限したいと思っている。

すべての生命は貴重である。生命は金持ちにとっても、貧乏人にとっても、白人にとっても黒人にとっても、男にとっても女にとっても貴重である。生命の保護を普遍化することは倫理的な責務である。一方、私的財産と私的利潤は文化的および社会経済的に正当化された構成概念であり、一部のグループにとってのみ通用する。それらはすべての社会、すべての文化に通用するものではない。私的財産の保護法は、とりわけ生命体に関連するものは、世界的に適用することはできないし、適用すべきではない。それらを制限する必要がある。

ダブル・スタンダードは、私的利潤から環境コストの社会的責任にシフトさせる時にも使われる。生命の特許が問題になる時には、「新奇（novelty）」という議論が使われる。新奇であるためには、特許の対象となるものが新しく、発明段階の成果であることが要求され、自然界に存在するものではないことが求められる。一方、法律的なセーフガードということになると、その議論は「類似性」に移行し、バイオテクノロジーの生産物や遺伝子組み換え生物が特許生物とほとんど違わないことを証明することになる。

環境責任の法律があり、所有権と利潤のための法律があるということは、ダブル・スタンダードの表現である。ダブル・スタンダードは倫理的に正当化されず、違法であり、とくに生命そのものを取り扱う場合がそうである。しかし、ダブル・スタンダードは私的所有権の擁護とは両立し、それには必要なものである。大衆の生命や生活そして地球を、利潤保護のために犠牲にすることを認めることはダブル・スタンダードである。

そうした反生命的な技術的移行に抵抗するには、社会的および生態的な文脈で技術を扱うことによって、技術についての支配と意思決定の輪を広げることが求められる。人権を新しい技術の対話や議論の中心に据えることによって、我々は生命そのものの究極的な私有化を制限することができるだろう。

最初の産業革命とそれにともなう植民地化で、ガンジーは「原始的」な糸車を、インドの自由と自決の闘争の生きたシンボルに変えた。第三世界の農民の「原始的」な種子は、第三世界とその生物資源の再植民地化という新たな文脈において、自由と生命の保護のための闘争のシンボルとなるであろう。

訳者あとがき

緑の革命がバイオ革命に変わり、農業の国家管理から、貿易の自由化と農業のグローバリゼーションに変わっても、緑の革命で指摘された問題は変わるどころか、なおいっそう深化しており、緑の革命から得た持続可能性についての教訓が今ほど必要な時はないと著者は語る。バイオ革命はハイスピードで実用化に向かっており、すでに遺伝子組み換え作物は日本の市場にも登場してきた。除草剤と殺虫剤の耐性をもたせた組み換え作物の種子は農薬の使用をさらに増やし、種子と農薬の一体化を進め、種子・農薬の多国籍企業の農業支配を強める。ガットと自由貿易の枠組みのなかで、食と農にかかわるあらゆる権限がアグリビジネスの企業に集中しようとしている。自由貿易の自由とは多国籍企業が好きなところで好きなようにもうけるための自由であり、あらゆる国の農民と消費者がますますひと握りの巨大企業への依存を強いられる。緑の革命の宣伝文句と同じように、バイオ技術もまた「二一世紀半ばの人口一〇〇億人時代の食糧問題、地球環境問題を解決するためのキーテクノロジー」として虚偽の奇跡を約束している。このような状況にあって、インドにおける緑の革命の生態的および社会的コストを詳細に分析した本書は、持続可能な代替案を模索するうえでの貴重な示唆を与えるものである。

インドにアメリカの民間財団、アメリカ政府、世界銀行、国際農業研究機関によって緑の革命がもち込まれたのは一九六〇年代の初めである。インド亜大陸北西部、インダス水系の中流域で、インド植民地下の一九世紀半ばに大用水路が建設され豊かな農業地帯となっていたパンジャブ州が、インドの穀倉地帯となるべく選ばれ、アメリカ型の農業モデルの実験場となった。当初は収量も増え、農民の収益もあがり緑の革命の成功例として宣伝されたものの、一九八〇年代に入る頃には早くも稲と小麦の生産性は限界に達し、農民の収益は低下した。科学と技術によって自然を征服することを基本とする緑の革命でパンジャブ州が失ったものは大きい。稲と小麦の単一栽培によって、人々の食と栄養を支えてきた多様な作物と品種が失われてた。大量の化学肥料を必要とするＨＹＶ（高収量品種）は新しい病気と害虫をもたらし、土壌を汚染した。在来種の三倍もの水を必要とするＨＹＶは、灌漑による湛水と塩化で農地を不毛の荒地に変えた。

緑の革命の暴力は自然を生態的に崩壊寸前に追いやっただけではない。高額の投入物は貧しい農民に負債を負わせ、多くの農民が土地を失い、農村の共同体としての社会関係は崩壊した。一九八〇年代にインドを震撼させた「パンジャブ危機」は、巨大ダムの建設がもたらした水争いと地方と中央の対立に端を発していた。パンジャブ州の地方分権を求める運動は、シク教徒の総本山に軍隊が突入した「黄金寺院」事件をピークに急速に宗派抗争の様相を深め、流血の暴動は多くの生命を奪った。宗派抗争として噴出した暴力の根源は、資本集約的で、中央集権的に行なわれた食糧生産の実験が失敗したことにあった。緑の革命はパンジャブに平和ではなく暴力を、豊かさのかわりに欠乏をもたらした。

著者は伝統的な農業に持続的な農業の可能性を見る。単一栽培ではなく、多様な作物と品種を栽培し、種子は農場からとり、地力は農場で緑肥と畜糞でつくり、土壌養分を再循環させ、混作と輪作で病虫害の予防策を組み込んだ作付システムをとる。外部のインプットに依存することなく、地方経済を活性化させ、自給をめざす。自然と共生し、自然の自己再生力を大切にする農業である。現実にはそれと逆行する方向にますます傾斜している。

そうした動きのひとつが世界銀行がインドに持ち込んだ新たな革命であり、日本とも大いに関係がある。「青の革命」とよばれている大規模なエビ養殖である。オリッサ、アーンドラ・プラデシュ、タミール・ナードゥ、ケーララ州の六〇〇〇キロの海岸線に一九九〇年代からエビの養殖場が次々とつくられた。大規模な養殖から塩を含んだ水が農地に入り込み、農業に被害を与え、環境を破壊している。養殖池の閉鎖を求める自然保護グループと現金収入を求める養殖関係者の間で抗争が起こり、利潤第一の開発プロジェクトがもたらす「暴力」がここでも猛威を振るっている。インドで養殖されたエビの輸出は北の消費者のためのもので、その六割が日本向けである。自給をおろそかにし、食を海外からの輸入にゆだねている我々もまた「暴力」を振るう側に立っている。食の輸入大国の日本は緑の革命の教訓を学ぶ必要にせまられている。

ヴァンダナ・シヴァさんは一九五二年にインドのデーラドゥーン市に生まれ、理論物理学の博士号をとり、哲学者であり、フェミニストである。バンガロール市のインド経営研究所を経て、一九八二年に故郷のデーラドゥーン市に設立した科学・技術・天然資源政策研究財団を主宰しており、英国のエコロジスト誌の編集委員であり、また第三世界ネットワークの科学と環境アドバイザーをつとめる。インドの森林保護運動であるチプコ運動など環境保護や女性の人権を守る問題に深くかかわってきた活動家であり、開発、農業と種子や遺伝子、ガット自由貿易、知的所有権、世界銀行などのさまざまな問題において積極的に発言しており、アジアのみならず、世界的な運動における理論的な支柱である。オルターナティブな生き方を求めてきた活動は高く評価され、一九九三年にはもうひとつのノーベル賞とよばれている「ライト・ライブリーフッド賞」を受賞している。ちなみに、緑の革命の父であるノーマン・ボーローグは高収量品種の「奇跡の種子」をつくりだしたという功績で一九七〇年にノーベル賞を受賞しているが、その「功績」がいかなるものであったかは、本書が明らかにしているとおりである。

彼女の論文やエッセイについてはさまざまな紙面で多数紹介されているが、著書については、すぐれた近代科学批判の書である *Staying Alive: Women, Ecology and Survival in India*（『生きる歓び』熊崎実訳、築地書館）がすでに出版されており、*Monocultures of the Mind: Perspectives on Biodiversity and Biotechnology*（『生物多様性の危機』戸田・高橋訳、三一書房）や、*Ecofeminism*（『エコフェミニズム』新曜社）もまもなく出版されると聞いている。本書『緑の革命とその暴力』の刊行によって、著者の主だった著作が紹介されることをうれしく思う。
本書はインドの具体的な事例での検証であるだけに、インドの地名、人名、土着の作物や病虫害などとまどうところが多かった。貴重なご教示をいただいた大東文化大学の多田博一先生と図や表の多い大変な編集の作業をしてくださった奥田のぞみさんに感謝を申しあげます。

一九九七年六月

浜谷　喜美子

参考文献

序章

1. Robin Jeffrey, *What is Happening to India*, London: Macmillan, 1986, p. 27.
2. Brian Easlea, *Science and sexual opperssion*, London: Weidenfell and Nicholson, 1981, p. 8.
3. R Eccleshall, 'Technology and Liberation', *Radical philosophy*, No. 11, Summer 1975, p. 9.
4. Robert S Anderson and Baker M Morrison, *Science, Politics and Agricultural Revolution in Asia*, Boulder: Westview Press, 1982, p. 7.

第1章

1. Jack Doyle, *Altered Harvest*, New York: Viking, 1985, p. 256.
2. S Harding, *The Science Question in Feminism*, Ithaca: Cornell University Press, p. 30.
3. Vandana Shiva, 'Reductionist Science as Epistemic Violence', in A Nandy (ed), *Science, Hegemony and Violence*, United Nations University, Delhi: Oxford University Press, 1988.
4. Alfred Howard, *The Agricultural Testament*, London: Oxford University Press, 1940. 山路健訳『農

業聖典』（日本経済評論社、一九八五年）。

5. John Augustus Voelcker, 'Report on the Improvement of Indian Agriculture', London: Eyre and Spothswoode, 1893, p. 11.
6. M K Gandhi, *Food Shortage and Agriculture*, Ahmedabad: Najivan Publishing House, 1949, p. 47.
7. K M Munshi, *Towards Land Transformation*, Ministry of Food and Agriculture, undated, p. 145.
8. C Subramaniam, *The New Strategy in Agriculture*, New Delhi: Vikas, 1979.
9. Jaganath Pathy, 'Green Revolution in India', paper presented at seminar on 'The Crisis in Agriculture', APPEN/TWN, Penang, January 1990.
10. E Taboada, quoted by Gustava Esteva in 'Beyond the Knowledge/Power Syndrome: The Case of the Green Revolution', paper presented at UNU/WIDER Seminar, Karachi, January 1989, p. 19.
11. E Hyam, *Soil and Civilisation,* London: Thames and Hudson, 1952.
12. A S Johnson, 'The Foundations Involvement in Intensive Agricultural Development in India', in *Cropping Patterns in India*, New Delhi: ICAR, 1978.
13. Jack Doyle *op cit*, p. 256.
14. Claude Alvares, 'The Great Gene Robbery', *Illustrated Weekly of India*, 23 March, 1986.
15. R Onate, 'Why the Green Revolution has failed the small farmers', paper presented at CAP seminar on Problems and Prospects of Rural Malaysia, Penang, November 1985.
16. Frances Moore Lappe and Joseph Collins, *Food First*, London: Abacus, 1982, p. 114. 鶴見宗之介訳『食糧第一』（三一書房、一九八二年）。

17. Angus Wright, 'Innocents Abroad: American Agricultual Research in Mexico', in Wes Jackson, et al (ed), *Meeting the Expectations of the Land*, San Francisco: North Point Press, 1984.
18. R P Dutt, quoted in J Bajaj, 'Green Revolution: A Historical Perspective', paper presented at CAP/TWN Seminar on 'The Crisis in Modern Science', Penang, November 1986, p. 4.
19. J Bajaj, *op cit*, p. 4.
20. G Esteva, *op cit*, p. 19.
21. Lappe and Collins, *op cit*, p. 114.
22. Robert Anderson and Baker Morrison, *Science, Politics and the Agricultural Revolution in Asia*, Boulder: Westview Press, 1982, p. 7.
23. Anderson and Morrison, *op cit*, p. 5.
24. Anderson and Morrison, *op cit*, p. 3.
25. Harry Cleaver, 'Technology as Political Weaponry', in Anderson, *et al, Science, politics and the Agricultural Revolution in Asia,* Boulder: Westview Press, 1982, p. 269.
26. David Hopper, quoted in Andrew Pearse, *Seeds of Plenty, Seeds of Want*, Oxford: Oxford University Press, 1980, p. 79.
27. M S Swaminathan, *Science and the Conquest of Hunger*, Delhi: Concept, 1983, p. 409.
28. Dan Morgan, *Merchants of Grain*, New York: Viking, 1979, p. 36.
29. George Blyn, 'India's Crop output Trends; Past and Present', C M Shah, (ed), *Agricultural Development of India, Policy and Problems*, Delhi: Orient Longman, 1979, p. 583.

30. Quoted in J Bajaj, *op cit*, p. 5.
31. Quoted in Edmund Oasa, 'The political economy of international agricultural research: a review of the CGIAR's response to criticisms of the Green Revolution', in B Gleaser, (ed), *The Green Revolution Revisited*, Boston: Allen and Unwin, 1956, p. 25.

第11章

1. Jack Doyle, *op cit*, p. 258.
2. Jack Doyle, *op cit*, p. 256.
3. Erna Bennett, 'Threats to Crop Plant Genbtic Resourses', in J G Howkes, *Conservation and Agriculture*, London: Duckworth, 1978, p. 114.
4. World Bank, National Seeds Project III.
5. Mahabal Ram, *High Yielding Varieties of Crops*, Delhi: Oxford, 1980, p. 212.
6. Lappe and Collins, *ibid*.
7. A K Yegna Iyengar, *Field Crops India*, Bangalore: BAPPCO, 1944 (reprinted 1980), p. 30.
8. M S Swaminathan, *op cit*, p. 113.
9. C H Shah, (ed), *Agricultural Development of India*, Delhi: Orient Longman, 1979, p. xxxii.
10. R H Richaria, paper presented at CAP Seminar on 'Crisis in Modern Science', Penang, Nov. 1986.
11. Yegna Iyengar, *op cit*, p. 30.
12. Geertz cited in T.B. Bayliss Smith and Sudhir Wanmali, 'The Green Revolution at micro scale',

Understanding Green Revolutions, Cambridge University Press, 1984.

13. Dan Morgan, *op cit*, p. 36.
14. A H Church, *Food Grains of India*, Delhi: Taj Offset (reprinted), 1983.
15. D S Kang, 'Environmental Problems of the Green Revolution with a focus on Punjab, India' in Richard Barrett, (ed), *International Dimensions of the Environmental Crisis*, Boulder: Westview Press, 1982, p. 198.
16. Mahabal Ram, *op cit*.
17. M S Gill, Success in the Indian Punjab, in J G Hawkes, *Conservation and Agriculture*, London: Duckworth, 1978, p. 193.
18. Bharat Dogra, *Empty Stomachs and Packed Godowns*, New Delhi, 1984.
19. G S Sidhu, 'Green Revolution in Rice and its Ecological Impact-Example of High Yielding Rice Varieties in the Punjab' mimeo, p. 29.
20. Howard, *op cit*.
21. Howard, *op cit*.
22. Howard, *op cit*.
23. Sidhu, *op cit*.
24. F Chaboussou, 'How Pesticides Increase Pests,' *Ecologist*, Vol. 16, No. 1, 1986, pp. 29-36.
25. W W Fletcher, *The Pest War*, Oxford: Basil Blackwell, 1974, p. 1.
26. De Bach, *Biological Control by Natural Enemies*, London: Cambridge University Press, 1974.

27. Sidhu, *op cit*, p. 20.

第三章

1. Alfred Howard in M K Ghandi, *Food Shortage and Agriculture*, Ahmedabad: Navjivan Publishing House, 1949, p. 183.
2. C G Clarke, in M K Ghandi, *ibid*, p. 83.
3. Alfred Howard, *Agricultural Testament*, London: Oxford, 1940, p. 25.
4. Jack Doyle, *Altered Harvest*, p. 259.
5. Gunvant Desai, 'Fertilizers in India's Agricultural Development', C H Shah, *Agricultural Development of India*, Orient Longman, 1979, p. 390.
6. C H Shah, *op cit*, p. xxxiii.
7. D S Kang, 'Environmental Problems of the Green Revolution with a focus on Punjab, India', in Richard Barrett (ed), *International Dimensions of the Environmental Crisis*, Boulder: Westview Press, 1982, p. 204.
8. Howard, *op cit*, p. 26.
9. Pyarelal in M K Ghandi, *Food Shortage and Agriculture*, p. 185.
10. Punjab Agricultural University, Department of Soils, mimeo, 1985.
11. Punjab Agricultural University, Department of Soils, mimeo, 1985.

第四章

1. H L Uppal, *Water Resources of the Punjab: Their Potential, Utilisation and Management*, mimeo, 1989.
2. S Giriappa, *Water Use Efficiency in Agriculture*, Delhi: Oxford, 1983, p. 17.
3. D S Kang, *op cit*, p. 200.
4. H L Uppal and N S Mangat, 'Geohydrological Balance in Punjab', *Journal of the Institution of Engineers*, Vol. 62, May 1982, pp. 365-371.
5. Punjab Agricultural University, Department of Soils, mimeo, undated.
6. Uppal and Mangat, *op cit*.
7. Punjab Agricultural University, *op cit*.
8. Punjab Agricultural University, *op cit*.
9. Sidhu, *op cit*, p. 38.
10. D S Kang, *op cit*, p. 201.
11. C H Shah, *op cit*.
12. 'Beas, Sutlej project affects climate' *Indian Express*, Delhi, 18 August, 1986.
13. 'Satellite Studies show dam seepage', *Times of India*, Delhi, 1 April, 1989.
14. 'Breach causes water famine in Haryana', *Indian Express*, Delhi, 1 July, 1984.
15. 'Punjab Floods were Manmade', *Economic Times*, Bombay, 4 October, 1988. 'A friend brings

sorrow', *Hindustan Times*, Delhi, 23 October, 1988, 'Dams and Floods', *Indian Express*, Delhi, 21 October, 1988.

16. 'Bhakra board chief shot dead', *Indian Express*, Delhi, 7 November, 1988.
17. Indian Law Institute, *Interstate Water Disputes in India*, Bombay: Tripathi, 1971.
18. *Ibid*.
19. 'River Waters Dispute', *Times of India*, Delhi, 15 & 16 November, 1985.
20. Pramod Kumar, *et al, Punjab Crisis: Context and Trends*, Centre for Research in Rural and Industrial Development, Chandigarh, 1984, p. 80.
21. *Ibid*.
22. 'The Anandpur Sahib Resolution', *Indian Express*, Delhi, 22 February, 1989.
23. 'Historic Accord with Akalis', *Indian Express*, Delhi, 24 July, 1985.
24. 'Rajasthan rejects Accord', *Indian Express*, Delhi, 26 July, 1985.
25. '29 Haryana MLA's resign', *Indian Express*, Delhi, 28 July, 1985. 'Call for Bhajan's resignation', *Indian Express*, Delhi, 24 March, 1985.
26. 'Dal Stand on Eradi report assailed', *Indian Express*, 5 February, 1987.
27. 'Sutlej Yamuna Canal, Jinxed Link', *India Today*, 30 November, 1985.
28. H L Uppal, 'Irrigation Canals Built in the plains of the Punjab—A review with special reference to their alignment in the context of the Sutlej Yamuna Canal', mimeo, 1987.
29. *Ibid*.

30. 'Tribunal to decide on Surplus water', *Times of India*, Delhi, 15 February, 1986. 'Decision on Sharing waters Difficult', *Indian Express*, Delhi, 15 February, 1986.
31. Pramod Kumar, *op cit*, p. 83.

第五章

1. Robin Jeffrey, *What is happening to India?*, London: Macmillan, 1986, p. 37.
2. Francine Frankel, *The Political Challenge of the Green Revolution*, Centre for International Studies, Princeton University, 1972, p. 38.
3. *Ibid*, p. 4.
4. Mark Tully and Satish Jacob, *Amritsar: Mrs Gandhi Last Battle*, Delhi: Rupa Publishers, 1985.
5. Rajiv A Kapur, 'Sikh Separatism', *The Politics of Faith*, Herts (UK): Allen and Unwin, 1986.
6. S S Gill, 'Contradictions of Punjab Model of Growth and Search for an alternative', *Economic and Political Weekly*, 15 October, 1988.
7. Biplab Dasgupta, *Agrarian Change and the New Technology in India*, Geneva: UNRISD, 1977, pp. 162–64, 167.
8. G S Bhalla, *Changing Structure of Agriculture in Haryana*, A study of the Impact of the Green Revolution, Chandigarh: Punjab University, 1972, pp. 269–85.
9. Kalpana Bardhan, 'Rural Employment, Wages & Labour Markets in India', *Economic and Political Weekly 2*, No. 27, 2 July, 1977, pp. 1062–63.

10. Sheila Bhalla, 'Real Wage Rates of Agricultural Labourers in Punjab 1961-77', *Economic and Political Weekly 14*, No. 26, 30 June, 1979.
11. S S Gill and K C Singhal Farmers, 'Agitation Response to Development Crisis of Agriculture', *Economic and Political Weekly*, 6 Octover, 1984.
12. Gopal Singh, *Socio-Economic Basis of the Punjab Crisis*, Vo. XIX, No. 17 Junuary, 1984, p. 42.
13. The statement was made by a representative of a Punjab farm Organization, *Christian Science Monitor*, 30 May, 1984, p. 10.
14. Mark Tully and Satish Jacob, *Amritsar: Mrs. Gandhi's, Last Battle*, Delhi: Rupa Publishers, 1988.
15. Pritam Singh, *Two facets of religious revivalism: A Marxist viewpoint of the Punjab question*, Punjab University, mimeo.
16. *Ibid*.
17. Dipankar Gupta, 'Communalising of Punjab—1980-85', *Economic and Political Weekly*, Vol. XX, No. 28, 13 July, 1985, p. 1185.

第六章

1. R H Richaria, paper presented at seminar on 'Crisis in Modern Science', Penang, November, 1986.
2. A R Yegna Iyengar, *Field Crops of India*, Bangalore: BAPPCO, 1944, p. 30.
3. M S Gill, 'Success in the Indian Punjab', in J G Hawkes, *Conservation and Agriculture*, London: Duckworth, 1978, p. 193.

4. D S Kang, 'Environmental Problems of the Green Revolution with a focus on Punjab, India', in Richard Barrett, (ed), *International Dimensions of the Environmental Crisis*, Boulder : Westview Press, 1982, p. 204.
5. Gunvant Desai, 'Fertilizers in India's Agricultural Development', in C H Shah, *Agricultural Development of India*, Orient Longman, 1979, p. 390.
6. T B Bayliss Smith, 'The Green Revolution at micro scale', *Understanding Green Revolutions*, Cambridge University Press, p. 984.
7. Prem Shankar Jha, 'The Pepsi Project', *Times of India*, 1 September, 1986. 'Punjab: Programme for Peace', *Hindustan Times*, 11 December, 1986.
8. Pramod Kumar, *et al*, *Punjab crisis: Context Trends*, Centre for Research in Rural and Industrial Development, Chandigarh, 1984.
9. Punjab Agricultural University, Department of Soils.
10. G S Sidhu, *The Green Revolution and Rice diseases in Punjab*, mimeo.
11. 'Punjab Floods were Manmade', *Economic Times*, 4 October, 1988.
12. S S Johl, 'Deversification of Punjab Agriculture', Government of Punjab, 1985.
13. Flood Reduce Cultivable area, *Economic Times*, 26 January, 1989.
14. A Bhattacharjee, 'New Seed Policy: Whose interest would it serve', *Economic and Political Weekly*, 8 October, 1988, p. 2089.
15. Floods Reduce Cultivable area, *Economic Times*, 26 January, 1989.

16. S S Johl, *Diversification of Punjab Agriculture*, Government of Punjab, 1985.
17. A Bhattacharjee, 'New Seed Policy: Whose interest would it serve', *Economic and Political Weekly*, 8 October, 1988, p. 2089.
18. Jack Doyle, *Altered Harvest*, New York: Viking, 1985, p. 205.
19. Usha Menon, *Anything for a dollar: A Close Look at the Pepsi Deal*, Delhi Science Forum, 1989.
20. Cary Fowler, *et al*, 'Laws of Life', *Development Dialogue*, Uppsala: Dag Hammarskjold Foundation, 1988.
21. Vanaja Ramprasad, *Hidden Hunger*, Research Foundation for Science and Ecology, 1988.
22. Mira Shiva, personal communication.
23. Peter Wheale and Ruth McNally, *Genetic-Engineering: Catastrophe or Utopia*, UK: Harvester, 1988, p. 172.
24. G S Sidhu, 'Green Revolution and Rice diseases in Punjab', mimeo.
25. Jack Doyle, *Altered Harvest, op cit*, p. 207.
26. Cary Fowle, *op cit*.
27. 'Seeds: A hard row to hoe', *India Today*, 15 February, 1989.
28. 'Scientists Seeth at Seed Policy,' *Economic Times*, 1 December, 1989.
29. *Patents and plant genetic Resources*, Foundation for Economic Trends, Washington, mimeo, 1986.
30. Proceedings of National Seminar on Plant Laws, 22 November, 1989, organised by National Working Group on Patents Laws, New Delhi.

31. *Patents & Plant Genetic Resources*, Foundation for Economic Trends, Washington, mimeo, 1988.
32. 'Seeds: A hard row to hoe', *India Today*, 15 February, 1989.
33. Lester R Brown, *The Changing World Food Prospect: The Nineties and Beyond*, World Watch Paper 85, World Watch Institute, October 1988.
34. 'Food Grains Stock at Rock Bottom', *Economic Times*, 15 December, 1988.
35. *Fertiliser, food subsidies may be cut*, Hindu, 12 October, 1988.
36. *Triumph of Commitment*, Pepsi Foods Ltd.
37. S S Gill, 'Contradictions of Punjab Model of Growth and the Search for an Alternative', *Economic and Political Weekly*, 15 October, 1988. S S Gill, 'The Price of Prosperity Problems of Punjab's Agriculture', *Times of India*, January 1989.
38. Lloyd Timberlake, *Africa in Crisis*, London: Earthscan, 1985.
39. Clairmonte and Cavanagh, 'Third World Debt: The Approaching Holocaust', *Economic and Political Weekly*, 2 August, 1986.
40. 'Foreign firms queue up for food processing tie-ups', *Economic Times*, 2 April, 1989.
41. Tim Bayliss Smith, *op cit*, p. 169.
42. W Berry, 'Whose Head is the Farmer Using?' in W Jackson, W Berry, Bruce Coleman, *Meeting the Expectations of the Land*, San Francisco: North Point Press, 1984.
43. *Newsweek*, 12 April, 1982.
44. *Farmers in Transition*, Ministry of Agriculture and Food, Ontario, 1986.

45. Mark Ritchie and Kevin Ristau, *Crisis by Design: A Brief Review of US Farm Policy*, League of Rural Voters Education Project, Minneapolis, 1987.

第七章

1. Vandana Shiva and J Bandyopadhyay, 'Political Economy of Technological Polarisations', *Economic and Political Weekly*, Vol. XVII, No. 45, 6 November, 1982, pp. 1827-32.
2. S Arasarathnam, 'Weavers, Merchants and Company: The Handloom Industry in South Eastern India', *The Indian Economic and Social History Review*, Vol. 17, No. 3, p. 281.
3. J G Borpujari, 'Indian Cotton and the Cotton Famine, 1860-65', *The Indian Economic and Social Histroy Review*, Vol. 10, No. 1, p. 45.
4. D R Gadgil, *Industrial Revolution of India in Recent Times 1860-1939*, Bombay: Oxford University Press, 1971, p. 329.
5. Quoted in Pyarelal, *Towards New Horizons*, Ahmedabad: Navjivan Press, 1959, p. 150.
6. *Ibid*.
7. Jack Kloppenburg, *First the Seed*, Cambridge (USA): Cambridge Uneversity Press, USA, 1988.
8. Lappe & Collins, *op cit*, p. 114.
9. Claude Alvares, 'The Great Gene Robbery', *The Illustrated Weekly of India*, 23 March, 1986.
10. National Research Council, Alternative Agriculture National Academy Press, Washington, DC, 1989.

11. Pratap C Aggarwal, 'Natural Farming Succeeds in Indian Village', *Return to the Good Earth*, Penang: Third World Network, 1990, p. 461.
12. Vir Singh and Satya Prakash, 'India farmers rediscover advanages of traditonal rice varieties', *Return to the Good Earth*, Penang: Third World Network, 1990, p. 546.
13. Rolanda B Modina and A R Ridao, *IRRI Rice: The Miracle that never was*, ACE Foundation, Quezon City, Philippines, undated.
14. Brian Ford-Lloyd and Michael Jackson, *Plant Genetic Resources*, Edward Arnold, 1986, p. 1.
15. Statement of John Duesing, in meeting on Patents ail European Parliament, Brussels, Feb 1990.
16. Jack Kloppenburg, *op cit*.
17. Quote in Jack Kloppenburg, p. 185.
18. Pat Mooney, 'From Cabbages to Kings', *Intellectual Property vs Intellectual Integrity*, ICDA report.
19. Norman Summonds, *Principles of Crop Improvement*, New York: Longman, 1979, p. 11.
20. Hugh Iltis, 'Serendipity in Exploration of Biodiversity: What good are weedy tomatoes', in E O Wilson, (ed), *Biodiversity*, National Academy Press, 1986.

ワ行

マ行

ヤ行

ラ行

タ行

サ行

カ行

索　引

〔著者略歴〕

ヴァンダナ・シヴァ (Vandana Shiva)

1953年インドのデーラドゥーン市生まれ．82年に設立した科学・技術・天然資源政策研究財団を主宰．チプコ運動など環境保護や女性の人権を守る運動に深くかかわり，開発，農業，遺伝子，ガット自由貿易などさまざまな問題で積極的に発言している理論家．93年に「ライト・ライブリーフッド賞」受賞．邦訳書『生きる歓び』（熊崎訳，築地書館）他．

〔訳者略歴〕

浜谷喜美子（はまたに・きみこ）

1943年石川県生まれ．神戸市立外国語大学英文科卒．現在フリー翻訳．主な訳著『母乳の政治経済学』『ゆりかごが堕ちる時』（技術と人間），『ホームレス』『ネルソン・マンデラ闘いはわが人生』『アメリカ銃社会の恐怖』（三一書房）他．

緑の革命とその暴力

1997年8月5日　第1刷発行

訳　者　浜　谷　喜　美　子

発行者　栗　原　哲　也

発行所　株式会社日本経済評論社

〒101　東京都千代田区神田神保町3-2
電話 03-3230-1661　FAX 03-3265-2993
振替00130-3-157198

装丁／河井宜行　　太平印刷社・美行製本

緑の革命とその暴力（オンデマンド版）

Digital Publishing

2008年2月13日　発行

訳　者　　浜谷　喜美子

発行者　　栗原　哲也

発行所　　株式会社　日本経済評論社

〒101-0051　東京都千代田区神田神保町 3-2
電話 03-3230-1661　FAX 03-3265-2993
E-mail: nikkeihy@js7.so-net.ne.jp
URL: http://www.nikkeihyo.co.jp/

印刷・製本　　株式会社　デジタルパブリッシングサービス
URL: http://www.d-pub.co.jp/

AE677

乱丁落丁はお取替えいたします。

Printed in Japan
ISBN978-4-8188-1653-4